Schritt 2: Stärken Sie Ihre Veränderungskompetenz · 63

- Üben Sie die Haltung der achtsamen Geduld · 64
- Vermeiden Sie zu simple Lösungen · 69
- Schauen Sie gelassen in die Zukunft · 74
- Üben Sie Ihren Realitätssinn · 78
- Finden Sie Ihre eigene Veränderungsstrategie · 83
- Gemeinsam statt einsam durch den Change · 88

Schritt 3: Sorgen Sie für Erholung und Ausgleich · 93

- Eine Herausforderung für Geist und Sinne · 94
- Vom Entweder-oder zum Sowohl-als-auch · 97
- Die Gegenwart beruflich wie privat für sich nutzen · 103
- Selbstfürsorge macht effizient, krisensicher, kreativ · 106
- Wenn Sie nicht mehr weiter wissen:
  Professionelle Hilfe im Change · 110
- Positiv in die Zukunft trotz Stress und Rückschlägen · 112
- Change als Chance · 115

- Stichwortverzeichnis · 123

Vorwort

Unser Arbeitsalltag ist geprägt von Wandel, von Veränderung, von Change, der einhergeht mit Schnelligkeit, Komplexität, Unbeständigkeit, Unsicherheit. Manche motiviert das und sie freuen sich daran; andere wiederum empfinden Stress oder sogar Angst. Was bedeutet es konkret für Sie? Die Welt dreht sich, und Sie können sich selbstbestimmt mitdrehen? Oder erleben Sie am Arbeitsplatz eher verordnete Veränderung, fehlende Mitbestimmung, Ohnmacht? Oft bleiben Change-Prozesse in Unternehmen unmoderiert, Führungskräfte haben nur begrenzte Gestaltungsmöglichkeiten, Mitarbeiter werden kaum einbezogen. Also bleibt es den Einzelnen überlassen, leistungsfähig, zukunftsorientiert und wendig zu sein und sich gleichzeitig an eigenen Werten, Kompetenzen und Sicherheitsbedürfnissen zu orientieren. Dieser TaschenGuide unterstützt Sie dabei, Ihre Veränderungskompetenz und ein Bewusstsein für Ihre eigenen Möglichkeiten im Beruf weiter zu entwickeln. Sie erfahren, was Neues mit uns macht, wie Sie sich auf Veränderungskurs bringen und dabei doch Sie selbst bleiben, wie Sie Ihren Veränderungskompetenz-Muskel trainieren, wie Sie sich auf Erholung und einen freien Kopf besinnen und wie Sie Change zur Chance für sich machen.

Eine Lektüre mit einer guten Portion Skepsis, aber vor allem mit Genuss und Gewinn wünscht Ihnen

Monika Radecki

Veränderung und Wandel: Chancen und Risiken

Neue Workflows, innovative Technologien, Mitarbeiterfluktuation – unser Arbeitsalltag ist geprägt von Veränderungen. Sie können anregend sein, wir können aber auch an ihnen verzweifeln. Stoppen können wir den Change nicht, wir können aber entdecken, wie wir gut damit umgehen können.

In diesem Kapitel erfahren Sie unter anderem,

- was Veränderung mit uns macht,
- wie Unbekanntes unseren Körper stresst,
- wie Sie trotz allen Wandels Sie selbst bleiben.

Was Veränderung mit uns macht

Wem auch immer ich von der Idee zu diesem TaschenGuide erzählte, zeigte Interesse daran. Fragte ich dann nach, warum, erhielt ich die Antwort: »Das ist ein wichtiges Thema.« Und fragte ich weiter: »Was ist denn für Sie Veränderung? Wie gehen Sie damit um?«, dann wurden die Antworten schon sehr viel unterschiedlicher. Denn jeder Mensch erlebt die Arbeitswelt mit ihrer rasenden, unübersichtlichen Entwicklung in den Unternehmen anders.

Zunehmend mehr Menschen haben den Eindruck, Veränderungen im Job geschähen immer schneller, die Zeit werde knapper, die Anforderungen unverständlicher, die Möglichkeiten mehr. Und sie haben den Eindruck, dass von außen angestoßene Maßnahmen sie zu einem Teil fremdbestimmen, ja, dass sie willkürlich sind und damit zu einer Bedrohung werden. Dabei haben viele eigentlich Lust auf ihren Job, auf Leistung, selbstbestimmtes Handeln und Entwicklung – in und mit ihrem Unternehmen.

Kurz nachgefragt

Kommt Ihnen das bekannt vor? Auf einer Skala von 1 bis 10, wo positionieren Sie sich gerade? Sehen Sie mehr selbstbestimmte Chancen oder mehr fremdbestimmte Bedrohung in den Veränderungen, die Sie gerade an Ihrem Arbeitsplatz erleben?

1 steht für selbstbestimmte Chancen, 10 für fremdbestimmte Bedrohung.

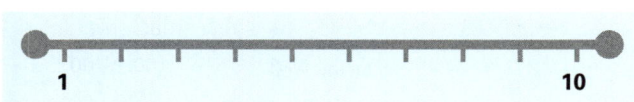

Eine solche Skala von 1 bis 10 wird Ihnen am Anfang und am Ende jedes Kapitels wiederbegegnen. So können Sie sich zu dem Thema des jeweiligen Kapitels positionieren. Das mag zunächst etwas anstrengend wirken, doch mit diesem Blick auf sich selbst erhöhen Sie möglicherweise den Nutzen der Lektüre – denn genau das wünsche ich Ihnen: dass Ihnen dieses Buch nützlich ist.

Unsere innere Landkarte

In diesem TaschenGuide können Sie segeln oder wandern, lustwandeln oder schweben – ich möchte Sie einladen, auf eine Entdeckungsreise zu gehen und zu überprüfen, ob Ihre ganz persönliche Landkarte aktuell ist. Wir alle verfügen über eine solche innere Landkarte – eine Orientierung in unseren Erfahrungen und Kompetenzen. Oftmals kennen wir uns und unsere Landkarte recht gut (siehe die folgende Abbildung). Wir wissen beispielsweise, dass sich darauf blinde Flecken befinden, kleine unbekannte Gebiete, die wir noch nicht erschlossen haben – und wir akzeptieren sie, wie sie sind. Das ist eine kompetente Strategie und eine gute Basis für Entwicklung und Karriere: denn wenn wir mit Leistungswillen, Spaß und Motivation leben und arbeiten wollen, ist es sinnvoll, sich nicht mit Unbekanntem und Problemzonen auseinanderzusetzen, sondern gewohnte Bahnen zu ziehen und sich stark zu fühlen.

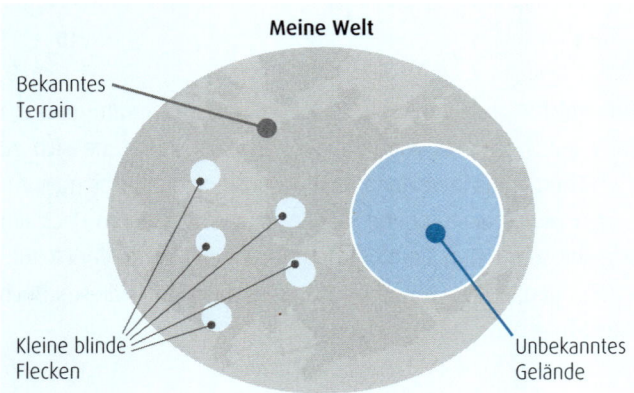

Unbekanntes Gelände auf unserer inneren Landkarte – welche Auswirkungen hat das?

Es kann aber auch sein, dass ein blinder Fleck so groß ist, dass wir uns gewohnheitsmäßig an seiner Grenze entlangbewegen und damit auch nicht die Potenziale *hinter* der Grenze nutzen. Wir hinterfragen nicht, dass es diese Grenze gibt. Manchmal machen Veränderungen in unserem Arbeitsleben es sogar unausweichlich, sich in unbekanntes Terrain zu begeben, die Grenze zu überschreiten, um die dort liegenden Potenziale zu nutzen.

Wir spüren solche Grenzen auf, wenn wir uns beobachten bei Aussagen wie »Das haben wir schon mal versucht, aber ...«, »Was soll das bringen bei DEN Strukturen und DER Chefin?«,

»Ich habe sowieso schon viel zu viel auf meinem Schreibtisch – wo soll ich die Zeit hernehmen?«. Angenommen, Sie würden eine Vogelperspektive einnehmen und sich fragen: Welche Auswirkungen hat es, dass ich diese Grenze hinnehme? Warum trete ich nicht einfach einen Schritt ins unbekannte Land hinein und schaue mich dort um? Wer kann mir helfen, die Vogelperspektive einzunehmen?

Bedürfnisse und Ängste erkennen und schützen

In Coachings und Workshops erlebe ich regelmäßig Menschen, die in Reaktionen feststecken. Sie nehmen etwas Belastendes wahr, bewerten es nach gewohntem Muster und ziehen Konsequenzen, die ihnen vertraut sind. Das ist normal – wir sind alle zu einem Teil so. Eine solche Gewohnheit wird erst dann zum Problem, wenn wir nicht die Wirkung erzielen, die wir beabsichtigt haben. Das ist so, als würden wir Neues suchen, aber auf unserer Landkarte einen weißen Fleck als unüberwindbare Grenze akzeptieren und dort stoppen. Was wäre, wenn wir uns nicht länger an dieser Linie entlangbewegen würden, sondern neugierig würden auf die unentdeckte Landschaft und ihre Möglichkeiten, die wir bisher ausgespart haben?

Wenn ein neuer Prozess eingeführt, eine Abteilung umorganisiert wird, sehen wir Probleme und versuchen sie zu lösen. Probleme und Bedingungen ändern sich zu diesen Zeiten aber auch sehr schnell. Wie wäre es, wenn Sie Ihre Bedürfnisse aufspüren, sich ein Ihren Bedürfnissen angemessenes Ziel setzen und alles tun, es zu erreichen? Ein Ziel zu erreichen ist manchmal leichter als Probleme zu lösen.

Wir alle haben unterschiedliche Bedürfnisse und Ängste, und entsprechend unterschiedlich ist, was Veränderungssituationen mit uns und anderen machen. Auf der Wanderung durch diesen TaschenGuide begegnen Ihnen einige Typen von Reisenden (vgl. auch z. B. Gay, 2003). Sie lesen über verschiedene Möglichkeiten, mit den Herausforderungen von Veränderungen umzugehen. Diese erfundenen Figuren kennen wir alle zu einem Teil von uns selbst oder aus unserem beruflichen Umfeld. Sie haben unterschiedliche Stärken und Schwächen, sie haben unterschiedliche Bedürfnisse und Befürchtungen, sie erleben Change an unterschiedlichen Stellen als Chance. Darf ich vorstellen?

- Der selbstbewusste Ritter blüht auf, wenn er sich durchsetzt, ja, wenn er sich GEGEN etwas oder jemanden durchsetzen kann – er kennt da keine Rücksicht auf Verluste.

- Die neugierige Seiltänzerin mag es, wenn sie im Mittelpunkt steht, wenn sie andere erfreuen oder belehren kann – dabei sagt sie auch schon mal heute etwas ganz anderes als morgen.

- Die stetige Sammlerin schätzt das, was sicher und verlässlich ist, selbst dann, wenn alle Zeichen auf Grün stehen und weitergehen angesagt ist – sie ist das Herz einer Gruppe.

- Der prinzipientreue Wachtmeister weiß, wie die Ordnung ist und wie sie wiederhergestellt werden kann – dafür scheut er keinen Aufwand und geht schon mal über eigene Grenzen.

Sie dürfen sich – so die Einladung – in diesen »Heldinnen und Helden« wiedererkennen. Sie dürfen auch Aspekte von Kolleginnen, Partnern, Chefinnen in ihnen entdecken. Oder lassen Sie sich inspiriert von diesen Typisierungen dazu anregen, den eigenen Umgang mit Veränderungen an Ihrem Arbeitsplatz zu erkunden.

Change-Typen: Bedürfnisse und Ängste		
	Bedürfnisse und Sehnsuchtsziel	Befürchtungen und Ängste
Der Ritter	Möchte unabhängig sein, Widerstände überwinden und Ergebnisse erzielen.	Befürchtet, auf unbekanntem Terrain bezwungen zu werden.
Die Seiltänzerin	Sucht Kontakt und Neuland und ist gern in Bewegung.	Befürchtet, im unbekannten Land benachteiligt zu werden und etwas zu verpassen.
Die Sammlerin	Schätzt Sicherheit und arbeitet am liebsten mit anderen an gemeinsamen Zielen.	Befürchtet, im Neuland alleingelassen zu werden und ihren Werten nicht treu bleiben zu können.
Der Wachtmeister	Mag klare Regeln, eine gute Orientierung und die Möglichkeit, die Welt zu verbessern.	Befürchtet, auf unbekanntem Boden Fehler zu machen und Verantwortung für Entscheidungen übernehmen zu müssen, für die er noch nicht alle Kriterien kennt.

Sympathisieren Sie mit einer Figur oder mit Aspekten verschiedener Figuren? Und erahnen Sie, wie unterschiedlich Menschen sich in ihrer jeweiligen Umgebung und bei Herausforderung verhalten?

> Wir meinen, wir wären *ein* »Ich«. Dabei haben wir viele Prägungen und Kompetenzen, die uns beeinflussen und zur Verfügung stehen. Lernen wir unsere vielen Seiten kennen, so fällt es uns mit etwas Übung leichter, flexibel mit Herausforderungen umzugehen *und* andere Menschen in ihren vielen Möglichkeiten und Eigenheiten zu respektieren.

Change – eine Herausforderung für jeden von uns

Im Berufsleben sind wir permanent mit Veränderungen konfrontiert. Oft finden die damit verbundenen Prozesse gleichzeitig statt oder sind ineinander verwoben – eine neue Datenbank wird eingeführt, ein Workflow wird umgestellt. Gleiches gilt für unser Privatleben, das wiederum zu den Bewegungen im Beruf phasenweise in Spannung oder in Balance stehen kann. Veränderung scheint es im Singular gar nicht mehr zu geben – wir erleben Veränderungen, die in einem nicht endenden Prozess weiter und weiter laufen. Wir sehen uns dabei mit der Herausforderung konfrontiert, dass wir einerseits vorgegebene Ziele erreichen müssen und andererseits eine persönliche Perspektive entwickeln dürfen/können/müssen. Oftmals sind wir nicht gefragt worden, ob wir das überhaupt wollen.

Veränderung empfinden wir deshalb mitunter als so stressig, weil sich jeder Beteiligte in seiner Phase der Neuordnung befindet und auf seine Weise und in seinem Tempo reagiert und handelt. Dabei kennen wir Veränderungsimpulse, die wir bewusst suchen, ja, für die wir sogar bezahlen: Im Urlaub beispielsweise wählen viele von uns ganz bewusst und sehr gerne die Fremdheit und das Abenteuer des Unbekannten. Wir verlassen freiwillig das

Gewohnte, lassen uns auf Unsicherheit ein und erleben Überraschungen. Dann kommen wir wieder heim; vielleicht haben wir uns etwas verändert, wir haben etwas Neues gesehen.

> Kann es sein, dass wir mehr Veränderungsneugier haben, wenn wir wissen, wo wir »zu Hause« sind, wo wir Sicherheit, Zugehörigkeit, selbstbestimmtes Wachstum finden?

Hirnforschung: Was Neues in uns auslöst

Schauen wir uns einmal näher die Gründe dafür an, warum wir uns verändern mögen oder warum uns eine verordnete Veränderung widerstrebt. Warum wir Lust auf Veränderung am Arbeitsplatz entwickeln, um bei immer neuen Varianten innovativen Denkens und neuen Arbeitsformen mitzuspielen. Folgt man den aktuellen Ergebnissen der Hirnforschung, beeinflussen genetische Anlagen, ob wir beispielsweise in einem Change-Prozess mitmachen können und wollen und welchen Beitrag wir zum Gemeinsamen leisten (vgl. z. B. Roth, 2008).

Veränderungen wurden bereits von unseren Vorfahren als Stress empfunden. Bei der Reaktion auf Stress wiederum lassen sich drei Strategien unterscheiden, die uns prinzipiell allen zur Verfügung stehen und sich seit dem Steinzeitalter nicht wesentlich verändert haben:

1. Flucht,
2. Angriff,
3. Totstellen.

Erinnern Sie sich an Situationen, in denen Sie erleben mussten, dass »es« in Ihnen »irgendwie« reagiert hat – dass Sie, ohne darüber nachzudenken, wie automatisch geflüchtet sind, jemanden aggressiv angegangen sind oder sich einfach tot gestellt haben? Willkommen im Club!

Unser Gehirn liebt Belohnungen

Hirnforschung und Biologie haben gezeigt, dass Gene die Botenstoffe des Gehirns und der Hormone regulieren – sie mixen uns also eine Art inneren Cocktail, der von Mensch zu Mensch unterschiedlich zusammengesetzt ist und wirkt. Botenstoffe wie Noradrenalin, Dopamin, Serotonin und Oxytocin lassen uns – je nach Anlage und Aktivierung – energiegeladen, emphatisch, durchsetzungsfähig, lernfähig sein. Entsprechend der Erkenntnisse der Wissenschaftler ist der Einfluss dieser Stoffe so enorm, dass es sich lohnt, ihn einmal genauer zu betrachten. Im folgenden Abschnitt erfahren Sie mehr vom SCARF-Modell, das verstehbar macht, wie Botenstoffe im Gehirn unser Erleben und Handeln beeinflussen – und was es bedeutet, wenn sie durch Stress blockiert werden.

Arbeiten im Belohnungsmodus: das SCARF-Modell

David Rock (2011) entwickelte unter dem Begriff »Neuroleadership« ein Konzept zur Führung und Selbstführung, mit dem er die Ergebnisse aus der Hirnforschung auf betriebliche und soziale Situationen anwendbar machte. Grundlegend ist für ihn die Beobachtung, dass der Mensch (genauer: seine Gehirn-areale) auf Bedrohung und Stress sehr schnell reagiert, seine Lösungsorientierung und Kreativität in dieser Zeit aber brach-liegen und anschließend eine lange Erholungszeit brauchen. Negativer Stress wirkt also ungünstig, wenn man in einer Ver-änderungssituation dazulernen soll und will.

Die Hirnforschung zeigt: Unser Gehirn tickt in vielerlei Hinsicht heute nicht viel anders als das unserer Urahnen: Wir fühlen uns von Bedrohlichem abgestoßen und von allem, was Belohnung verspricht, magnetisch angezogen. David Rock schuf auf Basis dieses Wissens das SCARF-Modell (scarf = Schal). Er stellte fest, dass es viel günstiger wäre, wenn Führungskräfte für ihre Mit-arbeiter – wie auch Menschen in Selbstverantwortung für sich selbst – darauf achten würden, in einem »Belohnungsmodus« zu leben und zu arbeiten. Die Folge wäre, dass Stress und die Not-wendigkeit einer Erholungszeit reduziert und Botenstoffe im Ge-hirn eine günstige Wirkung zeigen würden (vgl. z. B. Rock, 2011).

Übersicht: Wohlfühlen auf der Hirnebene mit dem SCARF-Modell	
S – Status	Es tut gut, den eigenen Status zu kennen. Auch in Veränderungsprozessen brauchen Menschen einen Standpunkt, z. B. durch Feedback und Anerkennung.
C – Certainty (Sicherheit)	Menschen sind leistungsfähig, wenn sie sich sicher fühlen und in einem angemessenen Maße wissen, was auf sie zukommt.
A – Autonomy (Autonomie)	In Zeiten der Veränderung ist es wichtig, einen gewissen Gestaltungsspielraum zu haben und sich ausreichend autonom zu fühlen.

Übersicht: Wohlfühlen auf der Hirnebene mit dem SCARF-Modell	
R – Relatedness (Zugehörigkeit)	Sich zugehörig fühlen (zu einer Gruppe, einer Entscheidung, einem größeren Ganzen) – wer das erlebt, kann seine Kompetenzen nutzen und weiterentwickeln.
F – Fairness	Gerechtigkeit ist relativ, dennoch wollen Menschen Fairness gegenüber sich und im Umgang miteinander erleben.

Wollen Sie also die Aspekte der Neurowissenschaften für sich nutzen, so könnte man metaphorisch Folgendes empfehlen: Umhüllen Sie sich mit einem Schal der günstigen Aspekte, sodass die Botenstoffe, die Ihr Gehirn ausschüttet, Ihr Belohnungssystem aktivieren. Sind Sie (und die Botenstoffe in Ihrem Gehirn) in einem guten Zustand, können Sie bei anstehenden Veränderungen Stress besser aushalten, nach Lösungen suchen und ins zieldienliche Handeln kommen. Sie fragen sich, wie das genau funktioniert?

- **Status**: Bestimmen Sie – z. B. bei vorgegebener neuer Geschäftsstrategie – selbst, wann Sie sich einer Herausforderung stellen, Routinen erledigen, für Ausgleich sorgen, sich Wachstum und Lernen gönnen und/oder zumuten.

- **Sicherheit**/Vorhersehbarkeit: Machen Sie einen klaren Plan, achten Sie auf Auftragsklärung und brechen Sie Projekte in kleine, geordnete Schritte herunter.

- **Autonomie**: Schaffen Sie sich eigene Bereiche, und nutzen Sie Freiräume, um z. B. Ihre Arbeitsabläufe und Terminpläne selbst zu gestalten oder zumindest mitzugestalten.

- **Zugehörigkeit**: Suchen Sie aktiv nach Mentorinnen, Peers, Netzwerkpartnern, mit denen Sie informell Abläufe, Entscheidungen, Visionen besprechen können.

- **Fairness**: Achten Sie bewusst auf günstige Umgangsformen, Transparenz, Unterstützung, und geben Sie kund, was für Sie gerecht oder ungerecht ist.

Klingt das für Sie unrealistisch? In Ihrem Unternehmen ist das so nicht? Schauen Sie genau hin. Vielleicht gibt es kleine Zeichen, die Ihr Belohnungssystem vor Freude tanzen lassen.

Dieser TaschenGuide ist eine Einladung zu überlegen, wo Sie tätig werden können und welche Auswirkungen es hat, wenn Sie tätig werden. Dennoch befinden sich manche Menschen in verzweifelten Phasen, in denen sie darunter leiden, dass z.B. der Chef willkürliche Entscheidungen trifft oder die vorgegebene Marschroute weg von den eigenen Werten führt. Diese Verzweiflung ist dann reell und hat Vorrang. Die Frage steht im Raum: Kann ich bleiben? Muss ich gehen? Passt der Job noch zu mir? Nehmen Sie das ernst. Holen Sie sich Hilfe, bemühen Sie sich um einen Rückzugsort, um all das zu klären. Im Kapitel »Professionelle Hilfe im Change« finden Sie dazu weitere Anregungen. Warten Sie nicht zu lange mit dem Erkunden Ihrer eigenen Möglichkeiten und mit dem Einrichten von Verschnauf- und Denkpausen.

Zyklen betrachten: Steckt in jedem von uns ein Change-Profi?

Unser ganzes Leben ist geprägt von Veränderungen. Die Tageszeiten, die Jahreszeiten mit ihren Festen, die Lebenszyklen – der stetige Wandel fordert uns bisweilen; aber es würde niemand ernsthaft auf die Idee kommen, sich am Abend ein Morgengrauen zu wünschen. Veränderung gab es zu allen Zeiten, und schon immer haben Menschen Wege gefunden, sinnvoll damit umzugehen. Wenn wir dem nachsinnen, sind wir sogar alle Experten im Umgang mit Wechseln und ihren Nebenwirkungen.

Rückblick auf die Veränderungskompetenzen

Wir vergessen häufig, wie sehr wir gewohnt sind, mit Veränderungen umzugehen. Ein Beispiel: Wir leben im Wechsel der Jahreszeiten, wir wissen, dass der Frühling dem Winter folgt und der Herbst dem Sommer. Und wir passen unser Leben an diesen Wechsel an. Verfahren Sie mit anderen Änderungen auch so: Erwarten Sie sie und gestalten Sie sie ganz bewusst. Erlauben Sie sich Skepsis und gesunde Distanz. Statten Sie sich mit Ihrem Lieblingsumfeld aus, besinnen Sie sich auf das, was Ihnen Freude bereitet und Sie motiviert, wo Sie sich stark und energiegeladen fühlen, nehmen Sie wahr, wann Sie sich Routinen zuwenden und wo Sie aktiv etwas Neues ausprobieren, dazulernen wollen. Machen Sie sich zur Choreographin, zum Choreograph Ihres Lebens, wo immer es möglich ist, und gestalten Sie im nächsten Zyklus um. Das ändert nicht die Gesamtsituation, hat aber einen Nebeneffekt: Wir werden gelassener und flexibler bei Fremdbestimmung, unverständlichen oder unerreichbaren Vorgaben, noch nicht finalisierten Strukturen.

Wir können alle – egal welchen Alters – auf Veränderungen in unserem Leben zurückblicken (vgl. z. B. Maercker/Forstmeier,

2013). Manchmal brauchen wir ein Gespräch mit anderen, um überrascht festzustellen, dass wir Ähnliches schon erlebt haben und dabei Kompetenzen hatten, die wir vergessen haben. Wir haben beispielsweise damals erst dem eigenen Bauchgefühl getraut und dann einen kühnen Entschluss gefasst. Oder wir haben erlebt, dass Veränderung von uns letztlich gar keine Handlung forderte, weil eine ungünstige Situation nicht blieb, wie sie war – damals hat der Chef gewechselt, die neue Chefin war ein Segen.

Schritt für Schritt zur Erinnerung an eigene Kompetenzen
1 **Reflektieren Sie den Status quo:** Was nervt Sie derzeit an den Veränderungsprozessen, in denen Sie stecken? Wie ist der Sachverhalt, wer ist beteiligt, was würden Sie sich anders wünschen?
2 **Erinnern Sie sich:** Gab es in der Vergangenheit schon mal Situationen, in denen Sie eine ähnliche Herausforderung gemeistert haben? Wie haben Sie das gemacht?
3 **Picken Sie sich heraus, was an Ihrem früheren Erleben besonders hilfreich war:** Wenn Sie ein Bild dazu malen würden, wie sähe es aus? Oder ist das günstige Erleben mit einem Geruch, einer Farbe, einem Klang, einem Empfinden, einer unwillkürlich sich meldenden Körperreaktion verbunden? Oder war es schlicht und einfach die Gratifikation, die Sie dafür erhielten?

Eine Einladung zum Experimentieren

Unsere Arbeit besteht zu einem gewissen Teil aus Routinen – und das gibt Sicherheit. Wer etwas Neues ausprobieren soll oder möchte, wird feststellen, dass es dann gelingt, wenn das Risiko überschaubar bleibt.

Angenommen, Sie haben eine innovative Idee, die nicht so recht in eine traditionelle Projektmanagement-Planung passt, in der man ganz klassisch Ziele setzt, Etappen formuliert und kontrolliert und die Ziele erreichen, Budgets erfüllen will. Würde es Sie ansprechen, ohne feste Zielvorgaben, einfach auf der Basis eigener Mittel zu starten? Hier ist eine Einladung in drei Schritten (vgl. z. B. Faschingbauer, 2013):

Schritt für Schritt zum Ausprobieren neuer Möglichkeiten
1   Was will ich, was kann ich, was weiß ich? Wen kenne ich, der kann, was ich nicht kann, und der weiß, was ich nicht weiß? Macht er/sie mit? Was motiviert uns?
2   Gibt es ein Risiko? Bei Erreichen welches Risikoniveaus werde ich die Reißleine ziehen?
3   Ich lege los – ohne das Ziel zu kennen.

Ein solches Vorgehen erscheint spontan unpassend in vielen Organisationen und Unternehmen. Aber könnte es sein, dass es *zu Ihnen* passt und in einem nächsten Schritt durchaus auch zur Organisation? Wir fühlen uns sicher genug, wenn wir eine Risikogrenze definiert haben, über die wir nicht hinausgehen. Wir fühlen uns zugehörig, wenn wir unsere Mitstreiter gut ausgewählt haben und mit ihnen eine angemessene Kommunikation auf Augenhöhe gestalten können. Wir wachsen, wenn wir irgendwo anfangen, nach einigen Aktionen die Ergebnisse überprüfen und, im Fall von Rückschlägen, etwas anderes versuchen, eventuell sogar wieder startend bei Schritt 1 und mit anderen Menschen aus unserem gut gepflegten Netzwerk.

Kreative Höhenflüge mit Reißleine: die Methode »Effectuation«

Michael Faschingbauer hat dieses Vorgehen mit großen Firmen und Start-ups ausprobiert und damit einen Beitrag zum agilen Arbeiten geleistet. Seine Methode nennt er Effectuation. Mit ihr werden Unternehmen in die Lage gebracht – neben üblichen Plänen und dem Arbeiten an Kennzahlen –, bei Ungewissheiten entscheidungsfähig zu sein. Ausgangspunkt ist dabei das, was da ist – Menschen, Mittel, Möglichkeiten. Einzelne Menschen vereinbaren miteinander, was sie erreichen wollen, und streben das gemeinsam an. Handlungsmaxime ist dann nicht, was getan werden sollte, sondern was gerade konkret machbar ist. Wird eine definierte Risikolinie erreicht, z. B., weil ein finanzieller Rahmen ausgeschöpft ist oder ein zu erwartender Ertrag nicht erreicht wurde, stoppt man das Vorhaben (vgl. Faschingbauer, 2013). Interessant ist, dass durch dieses verbindliche, kreative Vorgehen Innovationen entstehen, die vorher so nicht planbar gewesen wären.

Innovativ im Umgang mit Veränderung

Nun sind wir nicht alle die großen Innovatoren, die etwas vollkommen Neues erfinden. Was aber jeder Mensch für sich neu erfinden kann, ist sein Umgang mit Veränderung. Wie wäre es, wenn Sie sich bewusst dafür entscheiden, jetzt diesen Schritt zu tun und einen eigenen Beitrag zum Change zu leisten? Würden wir jetzt in einem Workshop dazu eine Diskussion starten, wären die Bedenken groß – zur Sprache käme, dass das im Unternehmen so nicht möglich ist, nicht gewollt ist. Wenn diese Bedenken übergroß sind, so ist es wichtig, sie zu beachten und nach Faktoren Ausschau zu halten, die das eigene Wohlbefinden und die Wirksamkeit erhöhen könnten.

Viele Menschen erleben, dass sie sich an Veränderungsprozessen beteiligen wollen, dabei aber von Hindernissen aufgehalten werden. Die Zukunft wird möglicherweise neue Unternehmensformen, Arbeitsbedingungen, Führungskulturen mit sich bringen oder auch: mit sich bringen müssen. Bis dahin darf jede und jeder Einzelne für sich prüfen, was sie und er für sich aus dem Change zieht und gestaltet – auch in eigener Sache.

Rückbesinnung auf eigene Werte

Veränderung kann Freude machen, wenn wir den Eindruck haben, etwas verändern zu müssen, weil wir so wie bisher unsere Ziele nicht erreichen. Sie kann aber auch verwirren, wenn wir nicht mehr erkennen, wofür das passiert. In solchen Situationen ist es wichtig, sich auf ein altes Gut besinnen zu können: die eigenen Werte. Das ist wie bei einem Kreisel, der sich dreht und trotzdem an einer Stelle bleibt – es bleibt ein Kern, ein innerer Halt.

Wir leben heutzutage in einer VUCA-Welt. Das Akronym VUCA steht für die englischen Begriffe **v**olatile, **u**ncertain, **c**omplex,

ambiguous. Gemeint ist damit ein Arbeitsleben, das unbeständig, ungewiss, komplex, mehrdeutig ist.

BEISPIEL: VUCA

Eine Abteilung wird aufgelöst (unbeständig), der neue Arbeitsauftrag ist zunächst auf zwei Jahre ausgelegt (Zukunft ungewiss), die Teammitglieder haben je nach Funktion Berichtslinien in unterschiedliche Abteilungen (komplex), die Schwerpunkte und Interessen jeder unterstützenden Abteilung liegen an anderen Stellen (mehrdeutig).

Wenn man da mitspielen und gesund bleiben will, muss man sich – um in der Metapher des Kreisels zu bleiben – mitdrehen und auf die eigene Mitte fokussieren, eben auf die eigenen Werte.

Wann haben Sie sich das letzte Mal gefragt, welche inneren Werte Sie haben, was Sie antreibt und hält, wofür Sie leben und arbeiten? Einige Beispiele: Jemandem ist wichtig, dass trotz Umsatzzielen das Wohl der Mitarbeiter beachtet wird; einer anderen ist es viel wert, dass trotz Veränderung Beruf und Familie gut miteinander vereinbar bleiben; jemand will einen Sinn im professionellen Miteinander erleben.

Nehmen Sie sich einige Momente Zeit, um darüber nachzudenken. Vielleicht ist Ihnen die unten folgende Reflexion hilfreich. Finden Sie Antworten und halten Sie sie fest.

Auf gute Weise egoistisch und selbstfürsorglich

Es geht hier nicht etwa darum, Ihre Werte anderen gegenüber zu verteidigen (diskutieren Sie zu viel über Ihre Werte, könnten Sie Energie vergeuden). Ziel ist vielmehr, diesen inneren Halt zu pflegen, zu füttern, zu vitalisieren. Man könnte sagen, es geht um eine gute Form des Egoismus, der Selbstfürsorge, der Distanz ... um dann mit Elan, Neugier, Leistungslust und Schutz mitzudrehen.

Welche Werte haben Sie?

Wissen Sie, wo Sie selbst stehen? Wenn Sie Ihre innere Landkarte studieren wollen, könnten Sie sich die Herausforderungen der VUCA-Welt vergegenwärtigen und sich überlegen: Ist das eigentlich wirklich ein Graus? Oder kommt die Unbeständigkeit, der wir täglich ausgesetzt sind, eigentlich nicht sogar meinem Wesen und meinen Werten entgegen? Oder ist die Veränderung an sich tatsächlich nicht mein Problem, sondern blockiere ich mich bei Ungewissheit selbst und bräuchte dann unterstützende Gespräche, für die ich mir aber nicht die Zeit nehme? Mit der folgenden Reflexion können Sie dazu eine erste Fährte aufnehmen.

Reflexion: Meine Werte bei Veränderung	Da gehe ich gut und gern mit, weil ...	Da tue ich mich schwer, weil ... Ich bräuchte ...
Volatility / Unbeständigkeit / Flüchtigkeit		
Uncertainty / Unsicherheit / Ungewissheit		
Complexity / Komplexität		
Ambiguity / Mehrdeutigkeit		

Das Dreier-Team: ich, das Team und der Arbeitsauftrag

Man kann den Eindruck gewinnen, die Arbeitswelt werde ständig komplizierter. Mitarbeiter erwarten von ihren Unternehmen, dass sie dies und das anders machen; Führungskräfte wünschen sich veränderte Strukturen, neue Technologien und Workflows, die konzipiert, eingeführt, eingeübt und eingewöhnt werden müssen In Coachings und Workshops zeigt sich, dass

1. die Ansprüche an den Einzelnen wachsen,
2. die Widersprüche zunehmen (in einem selbst, im Team, in der Organisation und auch im Privatleben),
3. jeder Einzelne für sich immer wieder neue Lösungen und zu einem eigenen Gleichgewicht finden muss.

Es entwickeln sich aber auch – und darin liegt eine Chance –

1. neue Wünsche und innovative Ideen.
2. Rollendefinitionen dürfen hinterfragt werden.
3. Es herrscht Offenheit für neue Lösungen; Tradiertes wird hinterfragt, wenn es nicht mehr zur aktuellen Situation passt.

Schon immer wurden Organisationen gestaltet von der komplexen gelingenden oder eben auch nicht gelingenden Dynamik zwischen

1. Person,
2. Team und
3. Organisation/Arbeitsauftrag.

In diesem TaschenGuide werden Sie immer wieder zu drei Schritten eingeladen. Darin liegt ein Modell, das Sie am Ende der Lektüre vielleicht gern in Ihren Alltag transferieren: Oftmals müssen wir uns entscheiden und empfinden dabei das Dilemma, zwischen zwei Stühlen zu sitzen. In solchen Situationen hilft der Blick auf eine dritte Alternative, sodass aus einem Schwarz-Weiß-Denken eine Wahlmöglichkeit werden kann.

BEISPIEL: PRIVATE UND BERUFLICHE INTERESSEN AUSGLEICHEN

Ein Ingenieur hatte seiner Familie zugesagt, zweimal in der Woche mit den Kindern Hausaufgaben zu machen. Doch immer dann, wenn er gerade nach Hause fahren wollte, tauchte ein berufliches Problem auf, das eine sofortige Reaktion erforderte und ihn in ein Dilemma brachte. Nachdem er dieses Muster einmal reflektiert hatte, wurde ihm klar: Er fühlte sich im Job zuständig, aber war er vielleicht gar nicht immer zuständig? Er sucht seither in ähnlichen Situationen nach einer dritten Möglichkeit. Er prüft z. B., ob jetzt eine schnelle Mail reicht oder jemand anders eigentlich zuständig ist. Er leitet dann Entsprechendes ein, um dann doch noch daheim Hausaufgaben mit seinen Kindern machen zu können, *oder* er kommt zu dem Ergebnis, dass er gerade tätig werden muss. Letzteres kommt inzwischen weit seltener vor als früher. Der entscheidende Schritt ist für ihn die Sicht und Bewertung der Gesamtsituation – eine dritte Perspektive.

Bleiben wir noch kurz im Bild der zwei Stühle. Ich lade Sie ein, sich in Gedanken mal auf einen der beiden Stühle zu setzen. Wie wäre es, danach in Gedanken auf einen Hocker mit drei Beinen zu wechseln? Er hat eine gute Eigenschaft im unebenen Gelände: er wackelt nicht.

Ein Hocker mit drei Beinen wackelt nicht in unebenem Gelände

Menschen gehen in ihrem Berufsalltag unterschiedlich mit Druck und Herausforderungen um. Finden Sie heraus, wie das bei Ihnen typischerweise ist. Übernehmen Sie die Arbeit der anderen? Dann könnten Sie lernen, sich aktuell Ihre Rolle und Ihren Arbeitsauftrag bewusst zu machen und Grenzen zu setzen. Stellen Sie sich tot, wenn es zu viel wird? Dann könnten Sie Entspannungsverfahren erlernen, um zunächst gut für sich zu sorgen und sich dann wieder arbeitsfähig zu machen. Was ist für Sie typisch? Quasi auf diesem Hocker sitzend, könnten Sie sich fragen:

- Wer im System braucht jetzt gerade Unterstützung? (1) Ich? (2) Das Team? (3) Die Sache?

- Oder: Was hat jetzt eigentlich Priorität? (1) Mein Arbeitsauftrag? (2) Die Abteilungskennzahlen? (3) Die Arbeitsorganisation?

Welche Fragen hätten Sie, bei denen Ihnen der Dreischritt, die sog. Triangulierung, helfen würde, aus einem Schwarz-Weiß-Denken herauszukommen?

> Vor allem unter Stress entwickeln wir ein Schwarz-Weiß-Denken – dann hilft es uns, einen weiteren Aspekt hinzuzunehmen. Oder wir reden bei einem Problem mit jemandem, sind noch nicht ganz zufrieden und finden die Lösung erst, wenn wir eine dritte Meinung einholen.

Der Dreischritt für mehr Schaffensfreude, Effizienz und Gestaltungskraft

Im letzten Abschnitt haben Sie das Modell des Dreischritts kennengelernt. In den folgenden Kapiteln gehen wir wiederum drei Schritte gemeinsam:

1. Bei Schritt 1 bringen Sie sich auf Veränderungskurs und überlegen, wie Sie Ihren Beitrag zum Gesamtgeschehen leisten und ganz Sie selbst bleiben können. (Lesen Sie weiter in Kapitel »Bringen Sie sich auf Veränderungskurs«)

2. Bei Schritt 2 entdecken und trainieren Sie Ihren Veränderungskompetenz-Muskel und erproben sich in verschiedenen Aspekten des Change Managements in eigener Sache. (Lesen Sie weiter in Kapitel »Stärken Sie Ihre Veränderungskompetenz«)

3. Schritt 3 dient Ihrem Belohnungssystem: Sorgen Sie für Erholung und einen freien Kopf und lernen Sie Soforthilfemaßnahmen für alle Fälle kennen. (Lesen Sie weiter in Kapitel »Sorgen Sie für Erholung und Ausgleich«)

Im Job erleben wir nicht eine Veränderung, sondern ineinander verschachtelte Veränderungsprozesse, die manchmal gar nichts miteinander zu tun haben müssen. Da gibt es die Einführung einer neuen technischen Lösung, die Fragen aufwirft und noch nicht so recht funktioniert. Gleichzeitig wird eine Abteilung umstrukturiert und die dafür erforderlichen Prozesse müssen diskutiert, gestaltet, ausgehalten werden. Die drei Schritte bieten Ihnen für solche Situationen kleine Modelle und Ideen an, die Sie in Ihren Alltag übernehmen können.

> Erhalten Sie sich eine gute Portion Zweifel – und picken Sie sich nur das heraus, was Ihnen aktuell hilfreich erscheint. Klären Sie für sich, wie Sie sich zu Veränderung stellen. Skeptisch? Risikofreudig? Neugierig? Grübelnd? Es gibt da kein Richtig oder Falsch. Es gibt aber einen Startpunkt.

Wir sind alle etwas anders und für jeden von uns ist etwas anderes belohnend und motivierend. Erfahren Sie in der folgenden Übersicht, welches Veränderungsmuskel-Training bei unseren Reisehelden auf dem Plan stehen könnte (vgl. z. B. Gay, 2003).

Übersicht: Lust auf Veränderung		
	Diese Kompetenz ist schon da:	Trainingsaufgabe:
Der Ritter	Stark sein, sich für andere einsetzen, zum Erfolg beitragen, neue Wege anregen.	Lernen, auf die Gefühle anderer, auf Details und Warnsignale zu achten und das eigene Verhalten zu reflektieren.
Die Seiltänzerin	Emotional sein, Einfluss nehmen, Abwechslung anstoßen, flexibel sein.	Lernen, neue Aufgaben zu durchdenken, realistisch einzuschätzen und tatsächlich zu Ende zu führen.
Die Sammlerin	Wertschätzend sein, für Kontinuität sorgen, in neuen Situationen unterstützend bleiben.	Lernen, Änderungen mitzugehen, eigene Bedürfnisse zu beachten und Kritik zu üben.
Der Wachtmeister	Pläne aufstellen, korrekte Grundlagen erarbeiten, bei Veränderung planvoll, rational und präzise vorgehen.	Lernen, sich auf andere zu verlassen, sich auf das Positive zu besinnen und spontaner zu handeln.

Entscheiden Sie sich für eine Veränderung oder auch dafür, an einer größeren Veränderung teilzuhaben, dann ist das wie ein Startschuss für einen Prozess. Es geht dann nicht um die Frage »Und was machen wir jetzt?«, sondern um eine Haltung, die Sie bewusst einnehmen, um Choreographin oder Choreograph Ihres Lebens zu sein, um innere automatische Prozesse und auch Gewohnheiten bewusster zu steuern. Dazu gehört ein achtsames Wahrnehmen, um gegensteuern zu können, wenn Alltag, ungünstig Gebahntes, Fremdbestimmtes das Ruder übernehmen.

Finden Sie Freude am Wachsein, am Dranbleiben, und schreiben Sie das Drehbuch, das Ihr Unternehmen zum Change-Prozess geschrieben hat, so um, dass das Szenario gut zu Ihnen passt.

Kurz nachgefragt

Kommen wir zum Abschluss dieses Kapitels zurück zur Ausgangsfrage. Wie ist es jetzt: Sehen Sie mehr selbstbestimmte Chancen oder mehr fremdbestimmte Bedrohung in den Veränderungen, die Sie gerade an Ihrem Arbeitsplatz erleben? Auf einer Skala von 1 bis 10, wo positionieren Sie sich gerade? 1 steht für selbstbestimmte Chancen, 10 für fremdbestimmte Bedrohung.

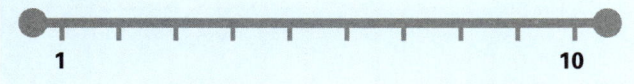

Hat sich durch die Lektüre des ersten Kapitels und Ihre Resonanz darauf etwas verändert? Diese Veränderung – egal in welche Richtung – könnte ein Hinweis sein, dass Sie in einen Lernprozess gestartet sind. Wenn sich Ihre Bewertung in Richtung »fremdbestimmte Bedrohung« bewegt hat – was braucht es dann? Wenn Ihre Bewertung sich in Richtung »selbstbestimmte Chance« verändert hat – wie kommt das? Machen Sie sich Notizen.

Auf einen Blick: Chancen und Risiken

- Unser Leben ist geprägt von Veränderungen – und trotzdem lösen sie oft Ängste und negative Emotionen aus. Unser Gehirn registriert Neues und Unbekanntes als Bedrohung. Ausschalten lässt sich dieser Mechanismus kaum, allerdings ist es möglich, (1) ihn durch Reflexion in eine positive Richtung zu steuern und (2) unwillkürlichen Reaktionen mehr zu vertrauen.

- Wie wir Veränderungen begegnen, ist auch davon abhängig, welche Haltung wir dazu einnehmen und welche eigenen Kompetenzen wir erleben. Wir können unseren Umgang mit Veränderung verändern – diesen Perspektivenwechsel kann man erlernen und trainieren.

- Ein Hocker mit drei Beinen wackelt nicht in unebenem Gelände. Diese Metapher lädt Sie ein, nach einer dritten Alternative zu suchen, wenn Sie im Schwarz-Weiß-Denken feststecken.

Schritt 1: Bringen Sie sich auf Veränderungskurs

Man könnte meinen, Change lässt sich einzig und allein mit Selbstoptimierung und noch mehr Leistung in den Griff bekommen. Ein Irrglaube, denn in erster Linie geht es um eine positive Haltung und Einstellung zur Veränderung.

In diesem Kapitel erfahren Sie unter anderem,

- wie Sie mehr über sich selbst herausfinden,
- warum innere Widerstände und Konflikte hilfreich sind,
- wie Sie Ihre Veränderungskompetenzen entdecken und einsetzen.

Selbstcoaching: Ich bin ich

Wenn ich mit Menschen über Veränderungen am Arbeitsplatz spreche, möchten viele am liebsten Tipps und Tricks hören. Wie sollen sie mit Menschen umgehen, die sich dagegen auflehnen? Wie sollen sie sich zu auferlegten Zielen stellen, die zu groß erscheinen? Wie sollen sie sich selbst optimieren, um bei der scheinbar notwendigen Schnelligkeit mitzuhalten? Wie würden Sie Ihre Wünsche formulieren?

> Machen Sie sich während der Lektüre dieses TaschenGuides Notizen zu Ihren Fragen und zu der Aspekten, die Ihnen hilfreich sind. So erstellen Sie Ihr eigenes Logbuch mit wichtigen Ereignissen auf Ihrer Reise.

Kurz nachgefragt

Haben Sie sich bereits auf Veränderungskurs gebracht und die Kapitänsmütze aufgesetzt? Auf einer Skala von 1 bis 10, wo positionieren Sie sich gerade? Sehen Sie sich gut aufgestellt in einem Veränderungsprozess, oder erleben Sie aktuell eher die Herausforderungen? 1 steht für eine stabile eigene Haltung, 10 für stressvolle Herausforderungen.

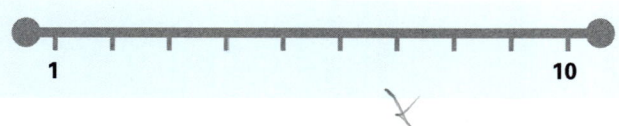

Von außen gesehen, von innen betrachtet

Wir haben – das ist natürlich sehr verkürzt gesagt – zwei Sichtweisen und Erlebniswelten. Und das ist keinesfalls ein Kopf-Experiment, sondern grundlegend und real: Wir nehmen uns in unserem Handeln im Außen wahr, und wir können unser Inneres betrachten.

In diesen Erlebniswelten steckt eine beeindruckende Ressource. Wenn wir meinen, wir müssten im Außen etwas bewirken (»Was müssen wir als Nächstes tun?«), und stecken dabei fest, können wir die Perspektive wechseln und in unser Innenleben switchen (»Wie fühlt sich das an?«, »Was brauche ich jetzt?« »Woran erinnert mich das?«).

Das gilt auch umgekehrt: Wenn wir innerlich bocken, stocken, hilflos sind (»Ich finde keine Klarheit«, »Irgendwie weiß ich gar nicht, was ich da aktiv beitragen kann«), dann können wir uns im Außen bewegen und uns somit erlebbar machen, dass wir etwas bewirken können (z. B. Ordner aufräumen, die letzte Agenda mit den Geschäftszielen checken, mit dem Partner über nächste Schritte sprechen, ein Seminar besuchen), und so für mehr Klarheit und Vitalität sorgen.

BEISPIEL: IMPULSE VON INNEN

Ein selbständiger Unternehmensberater erzählt von seiner Außenperspektive, bei der sich neuerdings eine innere Stimme meldet: »Ich unterstütze sehr engagiert die Kommunikation zwischen Führungskräften, Teamleitern und Mitarbeitern. Ich bin erfolgreich, meine Veränderungsprozesse gelingen. Und so übernehme ich das nächste Projekt, bei dem es ebenso läuft. Für mich selbst habe ich keinen festen Ort, keine Anbindung, keine Zugehörigkeit zu einer Abteilung. Sobald eine Aufgabe abgeschlossen ist – das dauert in der Regel zwei, drei Jahre –, erhalte ich eine neue Aufgabe: immer da, wo es gerade brennt. Jetzt, mit Mitte 40 und mit Frau und drei kleinen Kindern, meldet sich ab und zu eine neue Stimme, die nach Sicherheit fragt.

In Business-Coachings erlebe ich immer wieder, dass Menschen sich mit Veränderungen am Arbeitsplatz beschäftigen und unter Druck geraten bei dem Versuch, die vielen Herausforderungen in den Griff zu bekommen. Sie erleben sich als irritiert von verschiedenen Ansagen, die sich widersprechen. Sie fühlen sich verraten von Loyalitätsbekundungen, die gerade von hier bis da reichen, aber auf die sich nicht mal über einen Veränderungszyklus hinweg setzen ässt.

Doch stopp! Lassen Sie uns einen Moment aussteigen aus diesem Aufzählen von äußeren Situationen, die man kritisieren und verbessern könnte. Lassen Sie uns stattdessen in der Gegenwart innehalten und überlegen: Wer sind Sie gerade?

Schritt für Schritt zum Ich in der Gegenwart

1 **Halten Sie inne:** Betrachten Sie sich einmal in der Gegenwart und/oder erleben Sie sich im Hier und Jetzt. Fragen Sie sich: Wer bin ich gerade eigentlich im Job? Wofür arbeite ich genau?

2 **Benennen Sie Ihre aktuellen Identitäten:** Sie engagieren sich für Ihren Job? Was noch? Sie sind Partner/in? Vater/Mutter? Nachbar/in? Sie sind aktiv in der Hospizhilfe, im Elternbeirat, im Sportverein? Benennen Sie, welche Identitäten Sie leben und erleben. Es geht dabei einfach um eine Bestandsaufnahme – ohne Wertung.

3 **Wovon wollen Sie mehr in Ihrem Leben haben?** Beginnen Sie eine Liste, in der Sie notieren, welche Aspekte Ihrer vielen Identitäten Sie ab sofort mehr beachten wollen. Wo erleben Sie Anerkennung, Zugehörigkeit, Entwicklung? Lässt sich das verstärken? Wie genau?

Sie erinnern sich an die Metapher des stabilen, weil dreibeinigen Hockers? Halten Sie bei Ihrer Reflexion immer auch nach einer dritten Alternative Ausschau – das ermöglicht einen weiten Blick, ein großzügiges Erleben, einen Weg aus dem in Change-Prozessen oft empfundenen Dilemma, zwischen zwei Stühlen zu sitzen.

Wir sind viele

Im Außen können wir je nach Kontext auf andere Ressourcen zugreifen und entsprechend anders handeln. In manchen Momenten haben wir, wenn wir so nachdenken, Fähigkeiten, die wir in anderen Situationen nicht haben. Wir sind also gewissermaßen viele. Auch können wir feststellen, dass wir im Innen nicht *ein* »Ich« sind, sondern viele Anteile unserer Persönlichkeit erleben.

BEISPIEL: DAS ICH UND SEINE FACETTEN

Eine Projektmanagerin ist im Job eher zurückhaltend. Sie lässt anderen den Vortritt, wenn es um Präsentationen und Entscheidungen geht. Im Privatleben sieht das anders aus. Sie engagiert sich in einem Verein für Flüchtlingshilfe. Dort ist sie Vorsitzende und vertritt die Interessen dieser Menschen durchsetzungsstark gegenüber der Gemeinde. Auch im Sport ist sie ganz anders als im Job: fast angriffslustig.

Kennen Sie das auch?

Manche Seiten von uns finden wir gut, andere nicht so. Wer gewohnt ist, »Das mache ich nun mal so« zu sagen, der ist eingeladen, seine vielen Ichs aufzuspüren. Es gibt da ein großes inneres Team, bei dem es sich lohnt, auf gute Zusammenarbeit zu achten – das macht stark und beweglich in Zeiten von schnellen Veränderungen und ständig wechselnden Anforderungen.

Unser Ich ist nicht statisch. Es unterliegt einem Wandel. Wir haben viele Jahre auf ein Karriereziel hingearbeitet, einem Berufsbild entsprochen, und plötzlich »hören« wir innerlich ein Grummeln. Gehen wir dem nach, sagt es uns: »Da stimmt doch was nicht ...«

Teambildung in eigener Sache

Der Psychologe Schulz von Thun hatte schon vor Jahren die gute Idee, den vielen inneren Anteilen eine Stimme zu geben und mit ihnen innere Teamarbeit zu machen (vgl. z.B. Schulz von Thun, 2013).

Wie kann man sich das vorstellen? Welche Stimmen werden dann laut? Welche Personen tauchen auf? Man könnte sich ausmalen, der Unternehmensberater aus dem Beispiel oben hält bei seiner Frage nach Sicherheit Innenschau und begegnet drei Personen/Anteilen/Stimmen/Mitgliedern seines inneren Teams:

1. Da ist zunächst der gestandene Berater, der seinen Job weitermachen könnte – er ist Experte und sehr erfahren. Aber er will jetzt für seine Familie mehr Sicherheit, emotionale Sicherheit. Er will öfter mit seinen Kindern zusammen sein, er will den Bedürfnissen seiner Frau und Partnerschaft Rechnung tragen, er will mehr für seine Gesundheit sorgen. Er ist geknickt – denn realistisch betrachtet ist das angesichts seines Jobs nicht machbar.

2. Dann gibt es den Grübler und Kritiker, der ihm innerlich zuraunt, dass er nicht so gefühlsduselig sein soll, dass das heu-

te nun mal so ist und dass er keine Alternativen hat, wenn er auf dem erreichten hohen Niveau weiterleben will. Das Leben, das er sich wünscht, so diese innere Stimme, sei nicht zu haben – nur klingt das für den Mann im Moment nicht beruhigend und weise, sondern irgendwie nüchtern, eng.

3. Erst nach einiger Suche begegnet ihm in seinem Inneren noch eine weitere Gestalt, und er wundert sich, dass er sie bislang nicht bemerkt hat. Es gibt einen Träumer, der Ideen entwickelt und sich, wenn er nicht gehört wird, einfach in eine Hängematte legt. Dieser innere Teil wird manchmal im Urlaub vital. Der Unternehmensberater merkt, dass der Realist und der Kritiker diesem Träumer einen Maulkorb verpasst haben. Was würde geschehen, würde der Mann diesem Anteil von sich mehr Stimme geben?

Und Sie? Welche Teammitglieder spüren Sie auf? Vielleicht das Kind, das Vertrautes und Halt sucht? Den Rebell, der alles anders machen oder sogar ausbrechen möchte aus all dem, was ist? Machen Sie sich auf die Suche – es gibt so viele Anteile zu entdecken!

Die Disney-Methode, oder: »Was du träumen kannst, kannst du auch verwirklichen«

Dem Filmemacher Walt Disney wird der Ausspruch zugeschrieben: »Was du träumen kannst, kannst du auch verwirklichen.« Er entwickelte als Unternehmer und Kreativer seine Ideen, indem er drei Positionen sprechen ließ – nicht miteinander, sondern mal einfach für sich.

1. Der Realist ist der Umsetzer. Er macht Pläne, konkretisiert und prüft Zwischenschritte, überlegt, wie eine Idee realisierbar wird.

2. Der Kritiker findet Schwachstellen. Er durchschaut, warum ein Plan nicht aufgehen könnte und wo Fallstricke lauern.

3. Der Träumer ist der große Visionär. Er überfliegt alle Grenzen, denkt ohne Beschränkung und findet Lösungen, die neu sind.

Über Walt Disney wurde erzählt, er hätte drei Büros genutzt, in denen er jeweils eine dieser Positionen bezog. Genauso gut funktioniert die Methode, wenn Sie sich für jede Position einen Stuhl bereitstellen und sich jeweils auf diesen Stuhl setzen, um mit der inneren Stimme z. B. des Träumers Anregungen zu geben.

Tatsächlich hilft diese Technik dabei, etwas aus verschiedenen Blickwinkeln zu betrachten und zu entwickeln. Wollen Sie das für sich ausprobieren, dann geht es zunächst nicht um ein Gespräch miteinander, sondern um ein Stimme-Geben (vgl. z. B. O'Connor/Seymour, 2015). Der Effekt: Man hört sich mal zu. Man erlebt, dass man nicht eine/r ist, sondern verschiedene Anteile hat. Man kann sich eingestehen, dass man einen Anteil zur Seite schiebt, weil er gerade stört. Im Idealfall gibt in der sog. Disney-Strategie der Träumer die Innovationsidee, der Realist prüft sie auf Machbarkeit, der Kritiker verbessert den Plan.

Beachten Sie bei all diesen Methoden: Das innere Team braucht einen Beobachter, der ausgleicht, der überprüft, ob die vielen Anteile gehört werden und auf Kurs sind. Er sorgt für Fairness, Balance und das Erreichen einer gewünschten Wirkung.

Wie haben Sie Ihr inneres Team zusammengestellt?

Und? Ist beim Lesen eine innere Stimme, ein sog. inneres Teammitglied, hörbar geworden, das Sie bislang gern zur Seite geschoben haben? Weil es ineffizient wirkt? Weil es Sachen will, die gerade nicht passen? Weil es eine Seite von Ihnen zeigt, die Sie nicht mögen?

Versprochen: Wenn Sie beginnen, diesem inneren Teammitglied ein Ohr zu schenken und sich über seine Bedürfnisse und Ängste klarzuwerden, haben Sie sich schon auf Veränderungskurs für morgen gebracht. Mit Ihrem inneren Team finden Sie zwar sicher nicht zu ewiger Harmonie, aber zu einer Menge Kraft und Ressourcen. Bilden Sie Ihr inneres Team, so stehen Sie zu sich und können Ihren Beitrag zur Veränderung selbstbestimmt bringen.

Mit inneren Widerständen umgehen

Die aktuelle Veränderungswelle, die mit der Digitalisierung begann, wird über kurz oder lang viele der bisher gewohnten Arbeitsweisen, Strukturen, Hierarchien, Selbstverständnisse von Rollen und Funktionen in Unternehmen und vor allem viele

Gewohnheiten betreffen. Also ein echter Wandel. Und da steht dann eigentlich wieder der Mensch mit all seinen Motiven, Ängsten etc. im Mittelpunkt, bzw. er sollte im Mittelpunkt stehen. In solchen Zeiten, so zeigt auch die Hirnforschung, spielen die Bedürfnisse nach Sicherheit, Zugehörigkeit und Wachstum und wie diese erfüllt werden eine große Rolle (siehe hierzu auch das Kapitel »Hirnforschung: Was Neues in uns auslöst«).

Man kann keineswegs davon ausgehen, dass Veränderungen – noch dazu bei radikaler, disruptiver Herangehensweise – bei allen Beteiligten und Betroffenen auf Enthusiasmus stoßen. Und das müssen Sie auch nicht von sich erwarten.

BEISPIEL: CHANGE VON OBEN ERZEUGT WIDERSTÄNDE

Eine Personalerin erzählt über Widerstände im Veränderungsprozess: »Bei uns im Unternehmen haben die Veränderungen – massiv top-down initiiert vom CEO und getragen von seinen Mit-Geschäftsführern – einerseits große Wirkung erzielt und in kurzer Zeit viel bewegt. Außerdem gab es natürlich auch etliche Führungskräfte, die beim neuen Trend aufgesprungen sind oder von außen geholt wurden, um diese Veränderungen voranzutreiben – während andere ins Hintertreffen geraten oder gegangen sind. Aber das ist vermutlich bei großen Veränderungen immer so. Vernachlässigt wurde aber die psychologische Seite von Veränderungen, also klassisch, wie Menschen typischerweise auf Veränderungen reagieren. Als Mitarbeiter mit Abwehr reagierten, Vorgaben nicht umsetzten, sich krank meldeten usw., wurde das vom Management zum Teil als unprofessionell bewertet. Unser Job war und ist dann auch zu vermitteln, dass Widerstand ,normal' ist, zum Change-Prozess gehört und seine eigene Botschaft hat. Hier anzusetzen, wäre eine gute Investition in die Zukunft, ein echter Gewinn.«

Menschen in Veränderungsprozessen durchlaufen typischerweise unterschiedliche Phasen: (1) die Vorahnung, (2) der Schock,

(3) die Abwehr, (4) die rationale Akzeptanz, (5) die emotionale Akzeptanz, (6) die Öffnung und schließlich (7) die Integration.

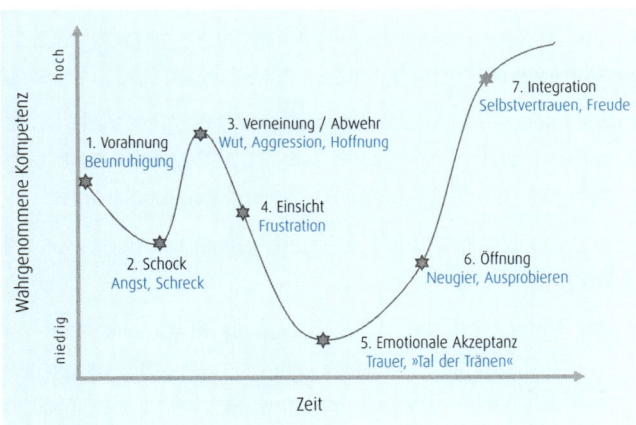

Die sieben Phasen der Veränderung

Diese Phasen bieten ein hilfreiches Modell, wenn es darum geht, Menschen für Veränderungen zu gewinnen und sie dort abzuholen, wo sie gerade stehen. Doch bei all dem gilt es zu beachten: Es handelt sich nur um ein Modell. Es sind weder Stufen noch klar abgrenzbare Stadien, die wie ein Infekt vergehen. In den wiederkehrenden, ineinander verschachtelten Veränderungsprozessen gilt es, die verschiedenen Aspekte zu würdigen, Ressourcen zu aktivieren, Pausen einzulegen, Unterstützung einzufordern oder zu gewähren. Bei Veränderungen sollte also der Mensch im Mittelpunkt stehen. Mit all seinen Bedürfnissen, seinen Möglichkeiten, seinen Blockaden, seinem kompetenten Beitrag zur gemeinsamen Kooperation.

Was aber, wenn »Ihr Unternehmen« das nicht für Sie macht, Ihnen keine Angebote offeriert, die Sie in der Veränderung begleiten? Dann heißt es Hilfe zur Selbsthilfe, dann heißt es, gut selbst für sich zu sorgen und sich aktiv in eigener Sache und im Job zu positionieren und sich am Prozess zu beteiligen. Fragen Sie sich:

1. Wie erlebe ich gerade Veränderung? Was gerät für mich derzeit in Bewegung? Entspricht das, was ich als Veränderung erlebe, dem, was das Unternehmen als Veränderungsziel vorgibt?

2. Was brauche ich? Wie versorge ich mich mit dem, was ich brauche?

3. Wer unterstützt mich? Wer ist mein Ansprechpartner für Troubleshooting? In welchen Lebens- oder Arbeitsbereichen kann ich mich aufladen? Was muss passieren, damit ich in den Flow komme und mitsegeln kann?

Wir erleben immer wieder, dass wir starten, Erfolg haben und dann ein Stopp einsetzt. Es gibt dann ein »Ja, aber ...«, das so laut ist, dass wir ganz verrückt oder energielos oder überkritisch werden.

BEISPIEL: VON FRÜHEREM GELINGEN KANN MAN LERNEN

Eine Beraterin erzählt von einer Selbsterfahrung mit Veränderung. Sie startete ein Programm, in dem sie nur mithilfe von Selbstachtsamkeit und ohne Diät abnahm: »Die Veränderung gelang. Der Zauber des Anfangs brachte mich nach vorne. Jeden Tag etwa 10 bis 20 Minuten Selbsttraining, sehr wirksam. Drei Monate täglich, für mich leicht umsetzbar. Doch weitere drei Monate später, nachdem ich mit dem begleiteten Programm aufgehört hatte, begannen langsame Rückschritte. Ich bin nun nicht unbedingt dort, wo ich mit dem Programm begonnen habe, aber ich habe seit einem halben Jahr große Schwierigkeiten, die Grundsätze zu befolgen: Iss nur, wenn du hungrig bist. Iss, was dir schmeckt und gut bekommt. Iss langsam. Stoppe bei angenehmer Sättigung. Ich habe Schwierigkeiten beim Langsam-Essen und beim Stoppen, wenn ich angenehm gesättigt bin. Ich habe nicht alle Kilos komplett wieder zugenommen, aber für mich ist es sehr verwunderlich, dass etwas, was mir leicht gefallen ist und ein halbes Jahr nahezu ohne Ausnahmen gelungen ist, langsam wieder nicht mehr gelingt und ich zu alten Verhaltensmustern zurückkehre. Ich habe probiert, das Programm noch mal zu starten, empfand aber nur Unlust. Was ich allerdings behalten habe, ist mein Erleben, *dass* ich etwas mit guter Auswirkung verändern kann. Ich habe mir jetzt ein neues Programm ausgesucht. Was anders ist: Ich weiß, dass es weitaus mehr Unterstützung bedarf, um dauerhaft auf Kurs zu bleiben.«

Widersprüche wahrzunehmen ist eine hohe Kompetenz. Nur sind wir gewohnt, bei Ambivalenzen – kurz gesagt – auf äußere Umstände zu projizieren, uns wüst zu beschimpfen oder sonst wie negativ zu reagieren. Angenommen, Sie wurden im Job in eine Veränderung gestoßen, die bewirkt, dass Sie sich ohnmächtig fühlen, die Sie wütend macht, die Sie hilflos zurücklässt. Dann hilft Ihnen vielleicht ein klares Stopp! Hören Sie augenblicklich auf, nach einer Lösung oder einem Schuldigen zu suchen, machen Sie eine Pause, lenken Sie sich ab. Besinnen Sie sich auf Aspekte in Ihrem Leben, die funktionieren oder die in der Vergangenheit funktioniert haben. Dabei hilft wiederum ein Dreischritt.

Stopp und Go bei inneren Widersprüchen

1 **Stopp!** Sagen Sie deutlich »Stopp!« zu sich selbst. Sie sind mehr als ein Mitarbeiter. Sie sind mehr als dieses eine Problem.

2 **48 Stunden Pause.** Legen Sie konsequent eine Pause ein und lassen Sie Ihr Unbewusstsein wirken. Rühren Sie 48 Stunden nicht aktiv an Ihrem Thema, besprechen Sie es *nicht* mit Ihrem Netzwerk. Warten Sie auf ein ruhiges Gefühl, eine Stimme, etwas Unwillkürliches, das in Richtung einer Lösung weist. Erlauben Sie sich Ablenkung.

Stopp und Go bei inneren Widersprüchen

3 **Go: normal weiter.** Kommen Sie dann zurück auf das Thema. Klären Sie Ihr Anliegen, sprechen Sie mit anderen, überlegen Sie, ob Sie eine Lösung haben. Gehen Sie erst dann zur Handlung über.

Hin-zu oder Weg-von – ein Widerspruch?

Oft wissen wir genau, was wir nicht wollen, oder wir haben die Erfahrung gemacht, dass das, was wir wollen, uns nicht guttut oder nicht das bewirkt, was wir beabsichtigen. Wir haben häufig ein sehr spontanes Empfinden dafür, wo es uns hinzieht oder wovon es uns wegdrängt. Wir wollen Karriere machen, oder wir wollen diese eine konkrete Vorgabe nicht tolerieren. Wir fühlen direkt, wie unsere Hand zugreifen will und sich unser Herz öffnet, oder wir merken unwillkürlich, wie sich unser Magen zusammenzieht, wie uns die Stimme wegbleibt. Solche spontanen und eindeutigen Reaktionen bergen Ressourcen im selbstbestimmten Umgang mit dem aktuellen Augenblick. Doch oft ist es nicht so klar. Vor allem im Zuge von Veränderungen sind wir hin- und hergerissen zwischen dem Hin-zu und dem Weg-von. In unserem Kopf ist dann ein großes »Ja, aber ...«.

Das verunsichert, denn Menschen möchten eine Lösung. Ein klares Ja oder ein Nein. Doch in wechselvollen Zeiten gibt es diese Klarheit häufig nicht. Machen Sie das Beste daraus. Nehmen Sie sie als Einladung, die Zwischentöne zu hören, Unsicherheiten zu tolerieren, sich trotz Ambivalenzen zu entscheiden, anderen Menschen Uneindeutigkeiten und Tendenzen zuzugestehen.

Sobald sich ein inneres »Ja, aber ...« vernehmen lässt, lohnt es sich, nach anderen Kompetenzen Ausschau zu halten und sozusagen eine innere Teambesprechung anzusetzen. Bekommt gerade ein eigenes Bedürfnis zu wenig Aufmerksamkeit? Dominiert ein gewohnter Player die ganze innere Landschaft und unterdrückt er dabei andere wichtige Stimmen? Welche Auswirkung hat das? Geht das innere Team fair miteinander um?

Hören Sie genau hin

Wie finden Sie dieses Bild: In einem Chor sind nicht alle Stimmen gleich. Aber sie klingen miteinander. Mal tönen Gruppen im Wechselgesang, mal singt eine Stimme solo. Ihr *übergeordnetes* Ziel ist das *gemeinsame* Stück. Wie ist das bei Ihnen? Wie tönt Ihr innerer Team-Chor aktuell? Kennen Sie Zeiten, zu denen er besser klingt? Und: Welche Auswirkung hat es nach außen, wenn es innerlich »stimmt«?

Das Potenzial in Konflikten entdecken

In Veränderungssituationen entstehen Konflikte. Nicht jedem von ihnen kann man sich stellen, nicht jeden lösen. Ja, manche Konflikte kann man auch einfach mal stehen lassen – weil sie gerade keine Priorität haben; weil man keinen Einfluss auf sie hat; weil man einfach gerade in anderen Feldern wirksam sein kann und dort die Aufmerksamkeit fokussiert. Es gibt, um nur einige zu nennen,

- die inneren Konflikte,
- den Streit zwischen Personen,

- die Auseinandersetzung zwischen Person und Organisation,

- den Interessenkonflikt zwischen mir als Person und meiner Rolle im Unternehmen.

Die Kunst besteht darin, den Konflikt zu orten und zu erkunden. So mancher Streitaspekt liefert uns wertvolle Informationen über die Werte und Bedürfnisse in uns und von anderen – Informationen, die wir uns nicht entgehen lassen sollten.

> Konflikte können Reibungswärme erzeugen. Sie zeigen, dass sich unterschiedliche Interessen begegnen. Sie zeigen auch, dass prinzipiell die beteiligten Seiten Interesse aneinander haben und einen Interessenausgleich wollen. Insofern ist ein Konflikt eine Beziehungseinladung, in der es statt um Missverständnis, Misstrauen und Ablehnung lohnenswert um Verständnis, Vertrauen und Annahme gehen könnte. Ist das nicht bereichernd?

Wie wäre es, mit einer gewissen Neugier herauszufinden, ob etwas, das wie ein Schwachpunkt wirkt, sich bei anderer Betrachtung als Hinweis auf eine Lösung, Kompetenz, Stärke entpuppt. Aus »Ich habe Angst, untergebuttert zu werden« wird »Meine Angst untergebuttert zu werden, ist auch meine Stärke, denn sie zeigt, dass ich eigentlich genau weiß, was ich kann und will.« Aus »Das Team spielt bei den Veränderungen nicht mit« wird »Wir bilden in einer Zwischenzeit Kern-Teams für bestimmte Fragestellungen und Experimente«.

BEISPIEL: DEN EIGENEN RHYTHMUS BESTIMMEN

Ein Coach beschreibt typische Themen bei Veränderungen in Unternehmen: »Der Startpunkt wird von manchen Menschen sehr aversiv und konflikthaft erlebt – sie erleben sich als Opfer, weisen Entscheidern Fehler und Schuld zu. Hilfreich ist für viele, wenn Vorgesetzte vermitteln oder sie selbst entdecken: ›Wofür machen wir das hier?‹ Je mehr jemand initiativ sein kann und sich als irgendwie wirksam erlebt, desto leichter wird es für ihn, bei einer Veränderung mitzugehen. Ich rege an, nach einem guten eigenen Motiv zu suchen im Sinne von ›Was habe ich davon?‹. Je länger Menschen sich mit Veränderung auseinandersetzen, desto leichter erleben sie einen eigenen Rhythmus, eine eigene stimmige Schrittgröße.«

Perspektiven wechseln

Wir können Konflikte als Ausdruck von verschiedenen Blickwinkeln in einem Kontext bewerten: Alle Beteiligten suchen im Allgemeinen nach einer für sie günstigen Lösung, in der sie sich entfalten und ihren Beitrag bringen können.

Wer sich bewusst ein Startsignal setzt, das lautet: »Peng, jetzt mache ich mit bei dieser Veränderung!«, wird gut daran tun – wie oben beschrieben –, sein inneres Team zu würdigen, zu behüten, arbeitsfähig zu machen, zu fördern. Veränderungssituationen sind so vielfältig und schnell wandelnd, dass wir uns gönnen sollten, regelmäßig Zwischenstopps einzulegen und das Terrain zu erkunden. Je nach Typ und Neigung orientieren wir uns spontan an uns oder an anderen, sind nah dran oder distanziert. Das ist alles keine Frage von Richtig oder Falsch.

Wir können, wenn wir wir selbst bleiben wollen und uns mitbewegen möchten, unsere Aufmerksamkeit lenken oder lenken lernen. Und wie? Indem wir wahrnehmen, wo und wie wir starten, und indem wir neugierig schauen, wie wir uns weiterbewegen. Es geht um unseren Umgang mit Veränderung und mit ihren Symptomen und Nebenwirkungen.

Alles eine Frage der Position?

Hier einige Anregungen, wie der Perspektivenwechsel gelingt:

1. In der ersten Position sind Sie. Fragen Sie sich: Was sind aus Ihrer Sicht die Veränderung und die Herausforderung daran? Was erreichen Sie, was Ihnen wichtig ist?

2. In der zweiten Position ist z. B. eine andere Person. Fragen Sie sich: Wie nimmt sie die Situation wahr? Was will sie erreichen und was ist ihr wichtig? Kann diese Person Ihr Anliegen beschreiben? (Sie könnten hier auch eine Fragestellung, eine Sache einsetzen und entsprechende Fragen stellen.)

3. In der dritten Position schauen Sie sich mit Distanz die Szene an – als innerer Beobachter oder aus Adlerperspektive. Fragen Sie sich: Sind die Beteiligten bezogen aufeinander? Gehen sie günstig miteinander um? Stabilisieren Sie eine Situation, die sich eigentlich verändern sollte? Oder verändert einer der Protagonisten etwas, das bestehen bleiben sollte? Welchen Nutzen hätte es, wenn sich die Situation verändern würde? Was hätten Sie davon, Ihr Verhalten zu ändern oder sonst wie zur Veränderung beizutragen? Was würden Sie brauchen? Fragen Sie sich das auch für den anderen Beteiligten. Gleichen die Stärken des einen die Schwächen des anderen aus? Welche Kompetenzen gibt es?

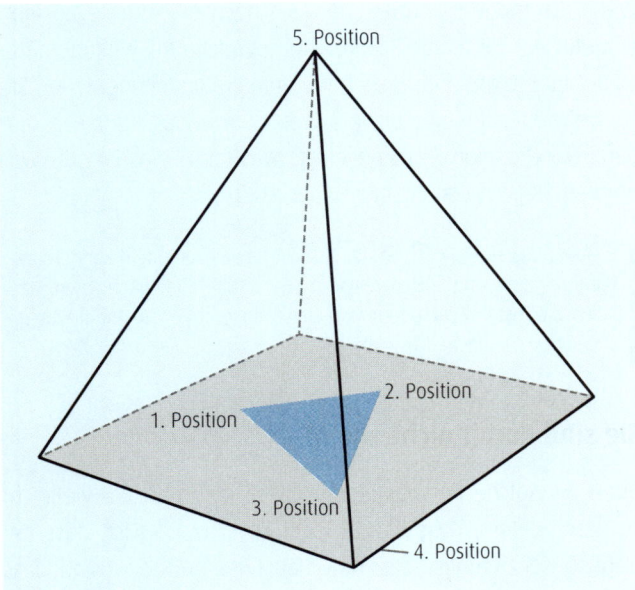

Die Pyramide: Positionen einnehmen bringt Klarheit, Verständnis und Veränderungskompetenz

Diese 3er-Basis wird umschlossen vom Kontext – die vierte Position. Sie könnte z. B. das sich verändernde Unternehmen symbolisieren, vertreten durch Führungskräfte, Projektleiter, Projektteams oder externe Berater. Fragen Sie sich: Wer ist von Ihrer Beziehung oder Ihrem Lösungsversuch betroffen? Hat das Unternehmen zu dem Problem, der Fragestellung, der Idee beigetragen? Was im System des Unternehmens könnte dienlich sein? Was könnte hindern? Wie wirkt Ihre 3er-Konstellation auf Position 4? Was könnte sich Position 4 von den Positionen 1, 2 und 3 wünschen?

Wenn Sie mögen, können Sie auch noch eine fünfte Position einnehmen, die für die Zukunft steht: Welche Auswirkung hätte es auf Ihr Projekt, Ihre Beziehung, Ihre Fragestellung, wenn Sie so weitermachen wie bisher? Wenn Sie etwas Konkretes ändern? Von Position 5 aus gesehen: Was fehlt? Was ist gut? Was würden Sie sich von Position 5 aus raten?

> Erlauben Sie sich die Erfahrung, dass Sie etwas verändern können und damit eine angenehme, bereichernde, günstige Wirkung erzielen. Das stärkt die Lust auf Veränderung, die Erwartung auf Erfolg und die Überzeugung: »Da mache ich mit!«

Sie sind damit nicht allein!

Üben wir solche Perspektivenwechsel, kommen wir vielleicht zu dem Schluss, dass es gar nicht so schwierig ist, dass gar nicht so viel zu tun ist, dass gute Bausteine griffbereit sind, dass das alles sogar einlädt zu einem konkreten nächsten Schritt. Und: Wir üben uns in der Vorannahme, dass auch andere Menschen in einer anerkennenswerten Suchbewegung im Umgang mit Veränderungen sind.

Eigene Kompetenzen entdecken

Wenn die Herausforderung steigt, Erfolgskriterien plötzlich nicht mehr zutreffen, Bewertungsmaßstäbe sich ändern, entsteht Stress häufig dadurch, dass wir uns als fremdbestimmt erleben. Nehmen der Stress und das Insuffizienz-Erleben zu, so ziehen sich Menschen zurück und verzichten auf Gemeinsames, werten andere ab, denken in Stereotypen. Das sind alles Aspekte, die wir nicht gebrauchen können, wenn wir uns Neuem zuwenden wollen, ohne im Einzelnen zu wissen, wie sich dieses Neue gestalten wird.

Sorgen Sie gut für sich selbst

Paradox ist: Wer sich um sich selbst kümmert, Mitgefühl für sich selbst entwickelt, seine Grenzen auslotet und schützt, wer bei Unterstützern schon mal Zuflucht sucht, sich Freiräume und eigene Entwicklung erlaubt, kreist nicht etwa nur noch um sich selbst und steigt aus allem Gemeinsamen aus. Das genaue Gegenteil tritt ein: Er entwickelt mehr Toleranz für andere, traut Stakeholdern Kompetenzen und Vernunft zu, bemüht sich um ein größeres Ganzes, bekommt Lust auf Experimente und erbringt in einem fortschreitenden Prozess einen Beitrag, der zu ihm passt, der authentisch ist, der der gemeinsamen Kooperation weiterhilft und die Geschäftsstrategie unterstützt.

Die Erfahrung zeigt: Wer sich, seinem inneren Team, seinen vielen Anteilen Raum gibt, gibt im nächsten Schritt auch anderen mehr Raum.

Wie wäre es, wenn Sie sich die Erfahrung gönnen, dass Sie typische Verhaltens- und Bewertungsmuster beibehalten und trotzdem auch kleine Änderungen vornehmen können? Lassen Sie uns schauen, was die Fantasie-Reisehelden reell und motivierend finden und was ihre Wirksamkeit darüber hinaus noch erhöhen könnte (vgl. z. B. Gay, 2003).

Übersicht: Auf Entdeckungsreise gehen		
	Das geht bereits:	Das gilt es noch zu entdecken:
Der Ritter	Sich durchsetzen. Zeigen, was geht. Sich anstrengen.	Mutig auf die Suche nach inneren Teammitgliedern gehen, die schwach, wankelmütig, risikoscheu sind.
Die Seiltänzerin	Situationen prägen. Spaß haben. Ideen entwickeln.	Neugierig auf die Suche nach inneren Stimmen gehen, die ängstlich, neidisch, sprachlos sind.
Die Sammlerin	Rahmenbedingungen schaffen. Hegen und pflegen. Gemeinsamkeiten finden.	Ausdauernd auf die Suche nach inneren Anteilen gehen, die sich verlassen fühlen, beleidigt sind, sich Vorstellungen widersetzen.
Der Wachtmeister	Die Welt verbessern. Fehler beheben. Kriterien aufstellen.	Geduldig auf die Suche nach inneren Anteilen gehen, die die Gefahr scheuen, gekränkt sind und auf stur schalten.

Wir alle haben Seiten, die wir als störend, als inkompetent, als irrelevant bewerten. Lassen wir sie auf die Bühne treten und mitspielen. Entwickeln wir eine Kultur, in der wir beginnen, etwas im Umgang mit uns selbst zu verändern.

Selbstcoaching: Experte in eigener Sache

In einem Coaching haben Sie die Möglichkeit, eine belastende, stressige, unklare Situation zu besprechen – Sie erhalten dann von einem Profi Feedback und Unterstützung. Selbstcoaching ist dagegen eine Methode, den Blick ohne Unterstützung von außen auf eine Situation zu werfen: Machen Sie sich selbst zum Experten Ihrer Stressmomente, und besinnen Sie sich auf die Kompetenzen, die gerade da sind. Hier einige Vorschläge zur Reflexion, die speziell auf Veränderungssituationen zugeschnitten sind – versuchen Sie bei den folgenden Fragen möglichst einfache Worte als Antworten zu finden (vgl. z. B. Bamberger, 2015).

Checkliste: Selbstcoaching in Veränderungsprozessen	
Thema	**Fragen an mich selbst**
Fakten: Wie ist die Situation?	Worum geht es? Gibt es einen Arbeitsauftrag? Welche Fakten stehen mir zur Verfügung? Welche Informationen brauche ich noch? Wer ist beteiligt? Ist gerade eine Entscheidung nötig oder hat das Zeit?
Bewertung: Wie bewerte ich die Situation?	Was hat Priorität? Bin ich zuständig? Welche Kompetenzen bringe ich mit, welche die anderen Beteiligten? Sind Unterschiedlichkeiten eher belastend oder aktuell bereichernd? Ist das neu für mich oder knüpfe ich an eine Kompetenz an?
Empfindung: Was fühle ich in der Situation?	Wie geht`s mir eigentlich? Was brauche ich, was die anderen? Was oder wer würde mich oder die Situation unterstützen?

Checkliste: Selbstcoaching in Veränderungsprozessen	
Thema	**Fragen an mich selbst**
Perspektive und Vernetzung: Gibt es eine andere Perspektive?	Wie würde ich morgen oder in einem Jahr darüber denken? Welchen Rat würde ich jemandem geben, wäre er oder sie in der gleichen Situation? Was würde mein Auftraggeber oder meine Chefin mir raten? Würde ich mich distanzieren, was würde ich dann machen? Und was würde ich von dort wahrnehmen?
Ziele: Wer profitiert davon in welcher Weise?	Was habe ich davon, was die anderen Beteiligten? Gibt es ein größeres gemeinsames Ziel?

Prio 1: Installieren Sie Ihren inneren Beobachter

Oben haben wir uns mit dem Gedanken beschäftigt, dass wir ein inneres Team haben – zum Teil widerstrebende, widersprüchliche Stimmen, die eine eigene Botschaft haben. Wir verfügen über viele Kompetenzen – je nach Kontext stehen sie uns aber nicht immer gleichermaßen zur Verfügung. Hilfreich ist, wenn wir kleine Hilfsstrategien beherrschen, mit denen wir uns selbst zeigen, wie wirksam wir in eigener Sache sein können.

Wirksam werden in eigener Sache

Ein Beispiel: Ihr neuer Chef wirft alle Pläne über den Haufen, legt neue Workflows an, ändert die Bewertungskriterien. Argumentativ lässt sich nichts dagegen einwenden. Er hat den

Auftrag, Kosten einzusparen und Abläufe an andere Geschäftsbereiche anzugleichen. Und trotzdem fühlen Sie sich angesichts der Entwicklungen unsicher. Spontanhilfe kann Ihnen in einer solchen Situation z. B. folgender Dreischritt bringen.

Schritt für Schritt zum eigenen Choreographen werden	
1	**Stopp!** Sie sind mehr als Ihre Funktion am Arbeitsplatz.
2	**Perspektivenwechsel:** Es gibt andere Aspekte in Ihrem Leben, die positiv sind, und zwar ...
3	**Gemeinsames Ziel:** Es gibt in Ihrem Job eine übergeordnete gemeinsame Sache, für die es sich lohnt, Einsatz zu bringen und sich zu beteiligen, und zwar...

Oben haben Sie bereits erfahren, wie Walt Disney seine Figuren zum Leben erweckte. Vielleicht haben Sie mittlerweile ausprobiert, innere Anteile von sich auf verschiedene Stühle zu setzen und sie sprechen zu lassen? Es ist erhellend, sie auf diese Weise näher kennenzulernen.

Noch wichtiger ist es jedoch, die Choreographin, den Choreographen in sich zu entdecken und zu ermächtigen, der die verschiedenen Anteile in uns ausbalanciert und orchestriert. Im Abschnitt »Das Potenzial in Konflikten entdecken« haben Sie den inneren Beobachter kennengelernt (siehe auch die Abbildung dort). Er ist die Kraft in uns, die steuert, die ausgleicht, die ermöglicht. Wir können uns darum bemühen, dass wir sie als wohlwollende, einladende, motivierende Instanz zur Verfügung haben.

> Auf der Suche nach Lösungen für ein Problem verbinden wir gerne recht eindimensional Ursache und Wirkung. Zumeist ist uns noch geläufig, Entscheidungen und Lösungen aus Unternehmensperspektive zu treffen – eine sinnvolle, gute, weitere Dimension. Die Lösungsebenen können wir aber noch weiter aufstoßen wie ein Tor: Ein Lösungsdenken aus der Beobachterposition ist wie eine neue Dimension.

Welches Bild finden Sie für Ihren inneren Beobachter, Choreograph, Regisseur, Steuermann? Die Psychoanalytikerin Luise Reddemann hat Imaginationen als Hörübungen veröffentlicht, in denen Interessierte entspannt Experimente mit ihrem inneren Beobachter machen können. (Hören Sie z. B. Reddemann, 2017, darin Track 8.)

Finden Sie Ihr eigenes Bild

Aber egal wie: Werden Sie zum Regisseur Ihres Kopfkinos. Gestalten Sie mit, wie Sie sich in dieser VUCA-Welt, in einzelnen Veränderungsprozessen bewegen und mit welcher Einstellung und Haltung Sie Ihren eigenen Stand behalten. Wie ist Ihr Stand im Job? Wie der einer Seiltänzerin, die sich der Instabilität bewusst ist und mit jedem Schritt auf ihr Gleichgewicht besinnt? Wie der eines Rennfahrers, der sich auf sein Gefährt verlässt und kühn die nächste Runde versucht? Wie der einer freundlichen Gastgeberin, die ihren diversen Gästen schmackhafte Speisen auf dem Tablett anbietet und sich über ihre Wahl freut?

Sie können hier eine Zeichnung anfertigen. Dabei geht es um kein Kunstwerk, sondern um eine Idee von dem Bild, das Sie von sich haben, wenn Sie sich an Ihrem Arbeitsplatz mit einem festen Stand sehen – im Gleichgewicht, aktionsbereit, sicher.

Ihre Zeichnung

Angenommen, wir säßen uns gerade gegenüber: Wie würden Sie mir dann Ihr Bild erklären? Erleben Sie sich mit Wurzeln, die bis in den Boden reichen und Ihnen Stabilität vermitteln? Erfahren Sie eine Kraft, die ganz in Ihnen verankert ist und Ihnen ein Gefühl von Risikofreude und Autonomie vermittelt? Wie würden Sie sich beschreiben? Je intensiver Sie dieses Erleben abrufen, desto präsenter ist es Ihnen bei der nächsten Herausforderung.

Jetzt! Der Startschuss

Bei all diesen Überlegungen ist dennoch eines wichtig: Der Startschuss zum Verändernwollen ist ein bewusster Akt – den darf und muss man selbst vornehmen. Erst danach wird es gute Auswirkungen haben, wenn wir uns mit kleinen Impulsen an unser Verändern erinnern, es üben, daran anknüpfen. Ohne diesen bewussten, entschiedenen Schritt bleiben alle Übungen und Ideen reine Tipps und Tricks, die zwar kurzfristig einen Effekt haben können, aber keine nachhaltige Wirkung erzielen werden.

> Es geht beim Change Management in eigener Sache erst in zweiter Linie um Leistung und Innovationskraft im Geschäft. Es geht vor allem darum, *dass* Sie sich einen Startschuss geben, sich die Steuerungsposition zu überlassen – eine achtsame, wache, frische Haltung, mit der Sie Unwillkürliches wahrnehmen, Hemmendes auf seinen Informationsgehalt prüfen, Ihre inneren Anteile wertschätzen, Überraschungen erwarten und ... aus der Sie mit Blick auf gute Auswirkungen für sich und das Ganze Entscheidungen treffen.

Kurz nachgefragt

Auf einer Skala von 1 bis 10, wo positionieren Sie sich gerade? Sehen Sie sich gut aufgestellt in einem Veränderungsprozess oder erleben Sie aktuell eher die Herausforderungen? 1 steht für eine stabile eigene Haltung, 10 für stressvolle Herausforderungen.

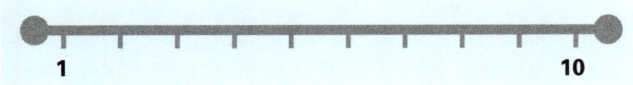

Machen Sie sich Notizen. Hat sich durch die Leseerfahrung und Ihre Resonanz darauf etwas verändert? Diese Veränderung – egal in welche Richtung – könnte ein Hinweis sein, dass Sie in einen Lernprozess gestartet sind. Wenn sich Ihre Bewertung in Richtung »stressvolle Herausforderung« bewegt hat – was braucht es dann? Wenn Ihre Bewertung sich in Richtung »stabile eigene Haltung« verändert hat – wie kommt das?

Auf einen Blick: Bringen Sie sich auf Veränderungskurs

- Wir Menschen sind und denken nicht eindimensional. In unserer Brust schlagen viele Herzen, viele Anteile, die gehört werden wollen – auch wenn es um Veränderung geht. Machen Sie sich auf die Suche nach diesen Anteilen, geben Sie Ihnen eine Stimme, lassen Sie sie wirken.

- Veränderung bringt Unbekanntes mit sich. Und Unbekanntes kann innere Widerstände und Konflikte auslösen. Wer sie aufspürt und entdeckt, lernt, mit den Unwägbarkeiten besser umzugehen und einen Stand und Schutzort dazu zu finden.

- Ein Perspektivwechsel leitet uns weg von dem gestressten Schwarz-Weiß-Denken und öffnet neue Türen, die weitere, neue Blicke auf die anstehenden Veränderungen erlauben.

- Der innere Beobachter ist in unsicheren Zeiten der beste Freund und Berater. Er hält die Balance zwischen den unterschiedlichen Anteilen in uns. Schließen Sie Freundschaft mit ihm. Mit seiner Hilfe können Sie sich selbst ganz bewusst den Startschuss für die nächste anstehende Veränderung geben.

Schritt 2: Stärken Sie Ihre Veränderungskompetenz

Veränderungskompetenz lässt sich trainieren wie ein Muskel. In diesem Kapitel lernen Sie besonders effektive Übungseinheiten kennen. Sie erfahren unter anderem, wie Sie

- die Haltung der achtsamen Geduld trainieren,
- Veränderungen als Prozess verstehen, den Sie aktiv mitgestalten und mitentscheiden,
- Katastrophenszenarien entkräften,
- für sich viel Gutes aus dem Change ziehen.

Üben Sie die Haltung der achtsamen Geduld

Es geht in diesem TaschenGuide darum, uns in unserer Veränderungskompetenz zu entwickeln und sie – in welchem Stil auch immer – zu trainieren. Wer sich je etwas beigebracht hat, weiß, dass ein angemessenes, kontinuierliches Trainingsprogramm dabei hilft. So verhält es sich auch, wenn es um die Ausprägung unseres Veränderungskompetenz-Muskels geht.

1. Wir brauchen einen Plan, der Anspannungs- und Entspannungsphasen enthält, der eigene Möglichkeiten und Grenzen beachtet, der den »Trainingsraum« mit einbezieht, der es zulässt, mal lockerzulassen und mal zielgerichteter zu trainieren.

2. Doch ein Plan allein reicht nicht aus. Wir müssen auch Loslegen mit dem Trainieren.

3. Nicht zuletzt gehört ein Umgang mit Fortschritten und auch Rückschritten dazu. Wir lernen in manchen Phasen wie von selbst, z. B. weil wir Wegbereiter haben. In anderen Phasen stehen wir wie vor einer inneren Schranke und stoßen uns den Kopf. Dann gilt es, eine günstige Haltung zum Lernen zu finden, eine Neugier zu entwickeln und jeweils Wege zum Pausieren oder Weitermachen einzuschlagen.

Wie schön, wenn wir dann irgendwann mal feststellen: Der Muskel ist fester und größer geworden.

Kurz nachgefragt

Auf einer Skala von 1 bis 10, wo positionieren Sie sich gerade? Fühlen Sie sich kompetent in Sachen Veränderung? 1 steht für zur Verfügung stehende Kompetenz und Änderungslust, 10 für Trainingsbedarf, Zögern und Vorbehalte.

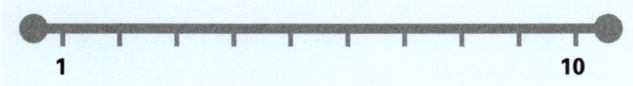

Eine gelassene Ausgangsposition einnehmen

Befinden wir uns in Veränderungsprozessen, versuchen wir den »richtigen« Hebel zu entdecken, um mit der neuen Situation möglichst gut umgehen zu können. Oftmals finden wir den entscheidenden Hebel oder Schalter aber nicht an der Stelle, an der wir ihn vermutet haben (so z. B. beim Kollegen, bei der Chefin, in der Arbeitsorganisation), sondern in unserer eigenen Haltung zur Veränderung, in unserer Ausrichtung auf ein gemeinsames übergeordnetes Ziel.

Die Haltung zählt

Unsere Arbeit besteht zum Teil aus Routinen, zum Teil aus neuen Aufgaben. Kommuniziert wird in Veränderungsprozessen oftmals nur die Notwendigkeit der Innovation, des Vorwärtspreschens, die Akzeptanz des Ungewissen. Nicht kommuniziert wird zumeist, dass gleichzeitig die Routinen sehr wohl weiterlaufen müssen, ja, ökonomisch relevant weiterlaufen müssen.

Das ist schade, denn wir brauchen in Veränderungsphasen das Gewohnte – und wir brauchen, dass das Gewohnte gewürdigt und geschätzt wird. Wenn offiziell nur das Innovative, das Neue zu zählen scheint, so ist es umso wichtiger, dass der Einzelne für sich definiert, was am Gewohnten ihm wichtig ist, was daran zum Geschäftsziel beiträgt und also lohnend ist.

Nach vorn geht es also besonders gut, wenn die Basis für die Vorwärtsbewegung eine gelassene, verlässliche Gegenwart ist. Auch hierbei kann wiederum ein Dreischritt helfen.

Schritt für Schritt zum gelassenen Vorwärts
1 **Wählen Sie etwas Neues.** Es muss sich nicht alles sofort ändern – wählen Sie einen Aspekt, der neu sein soll.
2 **Quantität statt Qualität.** Machen Sie dieses Neue einen Monat lang täglich oder 30-mal. Performen Sie gut und sinnvoll, achten Sie aber vor allem auf die Quantität.
3 **Gewohnheit willkommen heißen.** Alles, was wir oft machen, wird normal. Begrüßen Sie eine neue Gewohnheit und überlegen Sie, ob Sie sich weiter mit ihr beschäftigen wollen oder was an dieser Stelle noch zu tun ist.

Wer sich einlassen mag auf Veränderung und neue Erfahrungen, wird auf Konzepte stoßen, die anregend und zukunftsgerichtet sind. So beschreibt beispielsweise der Unternehmensberater Frédéric Laloux (2016), wie sich Menschen in Unternehmen entwickeln können und welche Bedingungen dafür geschaffen werden sollten. Er zeigt, dass Entwicklung dann erfolgreich verläuft, wenn die Menschen ein möglichst hierarchiefreies, selbstbestimmtes Klima vorfinden oder mitgestalten können.

Sehnsucht nach der Zukunft: Arbeiten in evolutionären Organisationen

Laloux kam in seiner Funktion als Berater zu der Überzeugung, dass zu viele Unternehmen Strukturen aufbauen, die irgendwie sinnentleert erscheinen, bei der Belegschaft keine Vitalität auslösen und am Ende nicht so wie geplant funktionieren. Er zeigte in zahlreichen Praxisbeispielen, dass es, um aus Veränderungen erfolgreich hervorzugehen, einer evolutionären Organisation bedarf, die sich in einem Miteinander immer weiter entwickelt.

Da es in diesem TaschenGuide nicht um Organisationsentwicklung geht, sondern um die Frage, wie es dem Menschen darin gut gehen kann, wie er angemessen partizipieren, sich sicher fühlen und weiterentwickeln kann, sollen aus den Erkenntnissen Laloux drei entsprechende Aspekte herausgepickt werden (vgl. z. B. Laloux, 2016):

1. **Selbstorganisation und Beziehungen:** Wenn Arbeit nicht mehr durch Hierarchien bestimmt wird, sondern jeder mit seiner Teilhabe gefragt ist und sich der Prozess durch flexible Rollen je nach Bedarf weiterentwickelt, fühlt sich der Einzelne wertgeschätzt und kann durch kollegiale Beziehungen und Beratung verantwortlich handeln und Entscheidungen treffen.

2. **Der Mensch als Ganzes und die gelebte Diversität:** Wenn der Mensch in seiner ganzen Persönlichkeit tätig sein kann,

konstruktives Feedback erhält und geben darf, können Machtansprüche, Statussymbole und Konkurrenzdenken abgelöst werden von konstruktiven Lösungsstrategien und Anerkennung von Andersartigem als Bereicherung für das Gemeinsame.

3. **Leben als nur begrenzt vorhersagbare Veränderung:** Wenn die Organisation sich mit denen, die gerade beteiligt sind, sensibilisiert für eine gemeinsame Entwicklungsrichtung, ergibt sich ein Sinn, der über die Gewinnmaximierung des Unternehmens hinausgeht und ab da die Mitarbeiterschar ebenso in die Verantwortung nimmt wie Kunden, Lieferanten und weitere Beteiligte.

> Wegfall von Hierarchien, die Schaffung von selbstorganisierten Teams und transparenten Informationen – das klingt für manche wie das Paradies. Aber Achtung: Es gehört eine hohe Bereitschaft dazu, ganz man selbst zu sein *und* sich sozusagen ganz auf eine Organisation und ihre Entwicklung einzulassen. Das ist keine Kuschelversion von Arbeitsleben. Es ist eine hoffentlich vitalisierende Einladung, in Veränderung und Unsicherheit die Zeichen für nachhaltiges Arbeiten zu erkennen und sich dazu zu gesellen.

Was ist jetzt schon alles möglich?

Das selbstorganisierte Mitarbeiten in neuen Unternehmensformen mag für Ihren Arbeitsplatz Zukunftsmusik sein. Überlegen Sie dennoch, welche Stellschraube Sie bereits jetzt drehen können, um für einen entwicklungsorientierten Arbeitsauftrag in der oben beschriebenen Weise wirken zu können. Was wäre ein Ziel, das Sie fokussieren können und bei dem Sie die Chance haben, zu einer günstigen Wirkung zu gelangen?

1. Diskutieren Sie nicht über das, was *nicht* geht, sondern schauen Sie, was gerade möglich ist.

2. Schließen Sie sich einer kleinen Gruppe an, mit der Sie möglichst frei Regeln und Ziele vereinbaren. Verzichten Sie auf ausgefeilte Pläne. Treten Sie stattdessen in regelmäßigen Austausch über den Stand der Dinge und über die Art, wie Sie miteinander arbeiten.

3. Verschaffen Sie sich das Go von oben. Alleingänge bringen hier nichts. Freiräume für selbstbestimmtes Arbeiten sollten bei Projektleitern oder gar im Management angedockt sein.

Vermeiden Sie zu simple Lösungen

Change-Prozesse gehen oft einher mit folgenden Aspekten:

- Die verkündeten Visionen entpuppen sich als leere Worthülsen oder werden in der Belegschaft nicht verstanden – obgleich es die Mitarbeiter als Motoren braucht.

- Hierarchieebenen werden aufrechterhalten – obgleich Innovation Augenhöhe braucht.

- Simple Leitplanken und Regeln werden definiert – obgleich Widersprüchen Beachtung geschenkt werden sollte.

- Betriebswirtschaftlich wird geplant wie bisher – obgleich Veränderung eine Zukunftsinvestition bedeutet und menschliche Entwicklungsprozesse nicht linear verlaufen.

Vera Starker, Organisationsberaterin und Coach, hat in einer umfangreichen Untersuchung herausgefunden, dass diese Simplifizierung in Form von Change-Prozess-Rezepten und -Parolen zwar zunächst das Gefühl der Beherrschbarkeit bei allen Beteiligten erhöht. Change-Prozesse, die so angelegt sind, sind aber – so zeigt ihre Auswertung empirischer Studien – zu 70 % zum Scheitern verurteilt. Sie empfiehlt zusammen mit ihrem Kollegen Tilman Peschke mehrere Schritte, die Menschen bei Veränderungsprozessen beachten können (vgl. Starker/Peschke, 2017).

Schritt für Schritt zu einer nachhaltigen Lösung

1. **Reflektieren Sie Ihr Verhalten:** Entscheiden Sie, an welcher Stelle es pragmatisch ist, eine einfache Lösung anzustreben, und an welcher Stelle eine einfache Lösung das verhindert, was Sie als »ganze Ernte« erreichen wollen.

2. **Entscheiden Sie sich für einen positiven Fokus:** Wollen Sie Ihre Chance bei Veränderungsprozessen ergreifen, so gilt es, Veränderungen als etwas Positives zu betrachten. Der Vorteil: Dieses günstige Erinnern und Erleben sorgt dafür, dass im Gehirn das sog. Glückshormon Dopamin ausgeschüttet wird – Sie belohnen sich quasi selbst.

3. **Besinnen Sie sich auf Ihre Stärken und Kompetenzen:** Gönnen Sie sich die Sicht auf die vielen kleinen und großen Beiträge, die Sie schon x-mal bei Veränderungen geleistet haben. Der Effekt: Sie trauen sich zu, Veränderungsprozesse zu »wuppen«, sich sicher und gut dabei zu fühlen und auch einen eigenen Vorteil daraus zu erzielen. Das ist dann eine Lösung, die eine günstige Wirkung bringt – für Sie selbst und für die anderen, die beteiligt sind.

Diese Schritte klingen nicht so wirklich einfach, oder? Wir sehnen uns nach einfachen Lösungen. Genehmigen Sie sich diese Sehnsucht! Es gibt genügend Situationen, in denen alle Beteiligten aufatmen, wenn es einfach und unkompliziert geht. Wir sollten diese Sehnsucht ebenso würdigen wie den Umstand, dass die Sehnsucht nach Pragmatismus eben manchmal unerfüllt bleiben muss. Deshalb walzen wir die drei Schritte im Folgenden noch etwas aus.

Step 1: Reflektieren Sie Ihr Verhalten

Unser Gehirn vermeidet Aufwand. Es liebt schnelle Erfolge und steuert diese automatisch an. Lassen Sie sich aber nicht von diesem Automatismus lenken, sondern überlegen Sie ganz bewusst, was gerade Ihr Ziel ist. Was wollen Sie tun, um das auch wirklich zu erreichen? Manchmal ist unsere Neigung zu einer schnellen Lösung auch eine Flucht – eine Flucht vor den eigenen Emotionen, Versagensängsten, Ohnmachtsgefühlen z. B. gegenüber Verhandlungen, die anstehen könnten. Wenn Sie die ganze mögliche Ernte einfahren wollen, dann reflektieren Sie in relevanten Situationen Ihr Verhalten. Unterscheiden Sie,

1. wann es pragmatisch und sinnvoll ist, sich schnell und einfach zu entscheiden,

2. wann eine einfache Lösung das, was Sie erreichen wollen, behindert, und

3. an welcher Stelle Ihnen für eine Entscheidung z. B. noch Informationen, Kooperationspartner, Risikoabwägungen fehlen.

Step 2: Entscheiden Sie sich für einen positiven Fokus

Veränderungsprozesse sind komplex – es gibt Interessens- und Verteilungskonflikte, Rückschläge und Missverständnisse, Ressourcen scheinen begrenzt. Haben wir mit Change-Management-Prozessen schlechte Erfahrungen gemacht, so ist in unserem Gehirn eine Verknüpfung gespeichert: »Change = schlechtes Erlebnis«. Beim nächsten Change wird dieses Erlebnis automatisch aktiviert, und es geht uns schon beim Gedanken daran schlecht.

Es lohnt sich also, sich auf die Suche nach positiven Erinnerungen in puncto Change zu begeben. Nehmen Sie sich dazu Zeit, machen Sie sich Notizen, finden Sie Erinnerungshilfen:

1. Was ist Ihnen gelungen? Was haben Sie gelernt?
2. Was hat zu Ihrer inneren Stabilität und Sicherheit beigetragen?
3. Was hat Ihnen Spaß gemacht? Welche schöne Überraschung haben Sie erlebt?

Verknüpfen Sie diese günstigen Erinnerungen dann mit dem aktuellen Veränderungsprozess, so erlauben Sie sich, dass im Gehirn ein neues Netzwerk gebildet wird. Ihnen wird es ab da gelingen, optimistisch zu sein oder zumindest eine vitale Erwartung zu entwickeln: »Du schaffst das! Du hast das schon mal geschafft.« Das wiederum sorgt dafür, dass in Ihrem Gehirn das Glückshormon Dopamin ausgeschüttet wird und Sie sogar Lust auf das Neue bekommen.

Step 3: Besinnen Sie sich auf Ihre Stärken und Kompetenzen

Gönnen Sie sich die Sicht auf die vielen kleinen und großen Beiträge, die Sie schon x-tausendmal bei Veränderungen und Weiterentwicklungen geleistet haben. Sie sehen bei Veränderungsprozessen die ungeklärten Fragen? Sie stecken mit Kollegen die Köpfe zusammen und überlegen, was man besser machen könnte, sollte und müsste? Das ist eine Kompetenz.

Ihnen ist das nicht bewusst oder nicht bedeutend genug? In Veränderungsprozessen ist es wichtig, die Bewertung selbst vorzunehmen und hoch anzusetzen. Fokussieren wir unsere Stärken und Kompetenzen, tritt der vorgenannte Effekt ein:

1. Wir trauen es uns zu.
2. Es macht Spaß.
3. Wir haben Lust auf nächste Schritte.

> Halten Sie Ausschau nach Ihren Kompetenzen. Im Kontext von Veränderungen wird nicht das Rad neu erfunden. Sie können sehr wohl weiter auf Ihre Erfahrungen und Stärken aufbauen – auch wenn scheinbar andere Vokabeln verwendet werden.

Schauen Sie gelassen in die Zukunft

Oft zieht uns das Neue im gleichen Maße an, wie es uns beängstigt. Die Spannung zwischen diesen Polen kann so heftig sein, dass wir am liebsten gar nichts machen würden. Prima – denn gar nichts zu unternehmen, erst einmal abzuwarten ist auch eine Kompetenz in Situationen, die überwältigend und komplex sind.

Sie befinden sich in einer Situation in Ihrem Job, die Sie mit Veränderungen konfrontiert? Halten Sie inne und nehmen Sie die folgenden drei Positionen ein, um einen Blick in die Zukunft zu werfen.

In drei Positionen zum gelassenen Blick auf die Zukunft

1 **Nichtstun:** Angenommen, Sie würden eine Weile gar nichts tun, wie wäre das? Gemeint ist hier kein Kopf-in-den-Sand-Stecken, sondern eine Inaktivität als strategischer Zwischenschritt. Würden Sie Details wahrnehmen, die Ihnen vorher nicht aufgefallen sind? Eine Regung im Inneren? Registrieren Sie Unwillkürliches in Ihrer Umgebung? Zum Beispiel das zustimmende Nicken einer Mitarbeiterin, die Sie in der Hektik des Alltags bislang als ewige Kritikerin abgewertet hatten?

2 **Worst Case:** Erlauben Sie sich einen Moment, sich auszumalen, wie es wäre, wenn es ganz schlimm kommen würde. Was wäre da wirklich schrecklich? Ginge es um das Ergebnis? Ihr Team? Ihren Job? Ihre Werte? Die Konsequenzen auf Ihr Privatleben? Auf einer Skala von 1 bis 100: Wie viel Ihres Alltags wäre betroffen? Es ist hilfreich, sich für einen Moment das Schlimmste auszumalen. Warum? Wir haben Furcht vor dem Worst Case und vermeiden, ihn uns vorzustellen. Dadurch bleibt er ungenau und wirkt schnell mal größer, als er letztlich sein könnte. Erlauben wir uns die Betrachtung, wird das Bedrohliche relativ und greifbar.

In drei Positionen zum gelassenen Blick auf die Zukunft

3 **Gut entscheiden:** Was wäre eigentlich im Moment eine »gute Entscheidung«? Würde sie eine günstige Auswirkung einleiten? Für wen? Wie können Sie zu dieser Entscheidung beitragen? Würden Sie entscheiden? Oder brauchen Sie dazu eine Gruppe oder eine bestimmte andere Person?

Aber Achtung: Häufig ist es so, dass wir einem Aspekt einen anderen entgegenstellen. In dieser Dualität kommen wir nicht immer zu einem günstigen Ergebnis. Hilfreich ist es dann, einen dritten Aspekt mit hinzuzunehmen. Und hier ist sie wieder: die Technik der Triangulierung. Sie erinnern sich? Ein Hocker mit drei Beinen wackelt auch auf unebenem Gelände nicht; er steht stabil.

Mental die Zukunft vorwegnehmen

Bevor Leistungssportler in den Wettkampf starten, üben sie die Herausforderungen mental: Sie nehmen die Aufgabe in Gedanken vorweg, sie vollführen in Gedanken die Bewegungen hundertfach, um sie zu bahnen und bei Bedarf ohne weiteres Nachdenken ausführen zu können. Ein anderes Beispiel: Um auf Notfälle an Bord umsichtig reagieren zu können, durchlaufen Stewardessen solche Situationen in Übungen und studieren Handlungs- und Verhaltensmodelle dafür ein. So müssen sie im Akutfall nicht immer neu eine Problemlösestrategie entwickeln, sondern sie können auf Notfallstandards zurückgreifen (vgl. z. B. Mayer/Hermann, 2015).

Aufmerksamkeit fokussieren

Mit dem mentalen Training können wir unsere Handlungsmöglichkeiten auch in Veränderungssituationen testen: Wir fokussieren unsere Aufmerksamkeit auf eine Lösung, probieren aus, verwerfen, probieren wieder aus, wenden an. Einerseits wissen wir ja oft sehr gut, worauf wir uns im Job konzentrieren müssen, wo es langgeht. Aber es gibt immer auch Mitspieler oder Umstände, mit denen zusammen die Rechnung nicht aufgeht. Wir können solche bekannten und auch unbekannten Situationen in Gedanken durchspielen und uns überlegen:

1. Wie ist die Situation? Worauf möchte ich fokussieren?
2. Was oder wer könnte mich ablenken? Wie könnte ich merken, dass ich abgelenkt bin?
3. Wie bringe ich mich dann wieder zu meinem Fokus?

Klingt einfach? Erfahrungsgemäß fällt uns der eine Schritt schwer: zu merken, dass wir abgelenkt sind. Im Kapitel »Prio 1: Installieren Sie Ihren inneren Beobachter« wurde der innere Beobachter vorgestellt. Und den bräuchten wir auch hier: eine Instanz, die merkt, dass wir in einem komplexen Umfeld den Fokus verloren haben, dass wir uns in Details, Nebenschauplätzen, inneren Dialogen verlaufen haben.

Mentales Training, also das Vorab-Erleben von Situationen und das Ausprobieren von Verhaltensalternativen, hilft uns, bei uns zu bleiben und mitzusteuern, wohin die Reise geht. Die Technik dabei: Fixieren Sie nicht ein Detail, sondern switchen Sie zwischen möglichen Positionen.

Was sehen Sie in der Abbildung? Dies ist kein Test, sondern ein Experiment. Es gibt auch hier wieder drei Sichtweisen:

1. Eine junge Frau. (Tipp: Sie neigt sich nach rechts aus dem Bild, man sieht ihren Hals, die Federboa, erahnt nur ihr Gesicht. Sehen Sie sie?)

2. Eine ältere Frau. (Tipp: Sie drückt ihren Kopf in einen Pelzkragen und hat eine große Nase.)

3. Und die dritte Perspektive? Sie entsteht dadurch, dass man die beiden Positionen wechselt oder sogar gleichzeitig sieht.

Lohnenswert ist also, die Perspektive wechseln zu können *und* dieser Fähigkeit einen Wert zuzuschreiben. Und schwupp: Unser Veränderungskompetenz-Muskel hat wieder an Kraft gewonnen. Ihre innere Beweglichkeit hat zugenommen.

Üben Sie Ihren Realitätssinn

Trends und Lebensstile wirken sich auf die Gesellschaft aus, auf unser Arbeiten, auf uns persönlich. In den Unternehmen mag es derzeit um Trends wie Digitalisierung und Nachhaltigkeit gehen, bei den Menschen um Trends wie Konnektivität und Individualisierung. Das alles betrifft unser Leben, die unmittelbare Zukunft, sämtliche Lebensbereiche, jede Altersgruppe. Lebenswege werden variantenreicher, Biografien verlaufen nicht mehr linear. Das kann irritieren, und mancher hat gar den Eindruck, alles sei unsicher. Im Folgenden soll es darum gehen, Ängste auf ihren Realitätsgehalt zu überprüfen und Hypothesen von Fakten zu unterscheiden.

Was ist denn nun echt wirklich?

So wie Werbung, Produktentwicklung und digitale Anbieter wie Google versuchen, Menschen individuell und in ihrem (aus Algorithmen abgeleiteten) Bedarf »persönlich« anzusprechen, so ist der Einzelne frei, sich zu informieren und sich aus diesem Riesenangebot zu bedienen. Frei sein! Das klingt zunächst sehr gut. Dass frei zu sein jedoch auch überfordern kann, weil es von uns fordert, mehr Klarheit über unsere Bedürfnisse zu gewinnen, um sie zu erfüllen, ist keine Frage. Wenn hier von Veränderungsmuskel-Übungen die Rede ist, meint es auch das: Wir nehmen an einer Bewegung teil, wir können aber auch selbst Bewegung auslösen. Nicht immer nehmen wir diese Wahlfreiheit als etwas Positives wahr.

1. In manchen Momenten macht es glücklich, in der uns jeweils eigenen Art an einer Veränderungsbewegung teilzuhaben oder eine Veränderungsbewegung auszulösen – und zu diesem Glücksgefühl will dieser TaschenGuide Sie einladen.

2. Und in manchen Momenten überfordert es, eine Bewegung mitzumachen oder selbst etwas auszulösen – vor dieser Überforderung will dieser TaschenGuide Sie schützen.

3. Und in manchen Momenten können wir uns auf Kompetenzen besinnen, die wir bereits haben – und zu dieser Erinnerung will Sie dieser TaschenGuide ermuntern.

Warum jeder Mensch seine eigene Realität hat

Realitätssinn ist so eine Sache. Sobald wir mit anderen Menschen in Kontakt treten, erleben wir, dass es viele Realitäten gibt. Jeder hat seine eigene Wirklichkeit. Und obgleich wir uns offen fühlen für die Sichtweisen anderer, sind wir oft der tiefen Überzeugung, dass *unsere* Wirklichkeit die etwas richtigere ist.

BEISPIEL: EMPATHIE FÜR DEN CHEF – UND FÜR SICH SELBST

Eine Angestellte erzählt: »Ich hatte eine Weile den Eindruck, mein Chef wird vor lauter Druck bösartig. Also besprach ich meine Situation in einer kollegialen Beratung. Zunächst sträubte ich mich sehr, Empathie für ihn zu entwickeln. Meine Kolleginnen schlugen vor, mal so zu tun, als ob ich die Position meines Chefs einnehmen würde. Sie lotsten mich: Was hätte ich getan? Hätte ich als mein Vorgesetzter überhaupt die Option, anders zu handeln? Mir wurde klar, dass auch er Sachzwänge erlebt und wiederum einer Chefin untergeordnet ist, mit deren Vorgaben er sich auseinandersetzen muss. Danach war ich erschöpft wie nach einer Bergtour. Allein hätte ich mich dem nicht ausgesetzt. Am Ende war mir aber bewusster, wo meine Empathie mit dem Chef der Situation angemessen ist und wann ich gut für mich selbst sorgen muss.«

Jeder Mensch hat also seine ganz eigene Realität. Je bewusster uns diese Tatsache ist, desto besser können wir abweichende Sichtweisen bei anderen zulassen. Wenn Realität auf Realität stößt, ist, so zeigen Beispiele, ein klärendes Gespräch nicht immer wirkungsvoll, sondern es geht dann darum, die Realität des anderen stehen zu lassen und den eigenen Wirkungsraum zu nutzen oder sich auf den eigenen Verantwortungsbereich zu beschränken.

Lassen Sie uns schauen, was unsere Reisehelden motivierend finden und was ihre Wirksamkeit in solchen Situationen erhöhen könnte (vgl. z. B. Gay, 2003).

Übersicht: Umgehen mit den »Wirklichkeiten« anderer		
	Das motiviert:	**Das erhöht die Wirkung:**
Der Ritter	Mag die Herausforderung, bei Gegenwehr blüht er auf. Hauptsache frei nach vorn und am Ende eine Statuserhöhung oder die ersehnte Belohnung.	Sich mit anderen identifizieren, Empathie für andere empfinden. Die eigenen Ergebnisse überprüfen. Anderen zuhören.
Die Seiltänzerin	Schätzt die Vielfalt und ihre Ausdrucksfreiheit. Hauptsache, sie sieht neue Möglichkeiten, und die Vorgesetzte sieht ihre Erfolge.	Sich bei Entscheidungen um Objektivität bemühen. Keine Ausreden. Die eigene Leistung realistisch einschätzen.
Die Sammlerin	Braucht langfristige Sicherheit und strukturierte Pläne. Hauptsache, die Gruppe ist harmonisch und die Anerkennung von anderen ist echt.	Kreativ sein und die Notwendigkeit von Veränderungen verstehen. Sich an Prozessen beteiligten – auch unter Druck.
Der Wachtmeister	Geht einer Ursache auf den Grund, definiert Schritte und Ziele. Hauptsache, am Ende ist die Ordnung hergestellt.	Neue Erfahrungen machen und auch mal experimentieren. Kontakte knüpfen, eine gemeinsame Sache auf den Punkt bringen.

Wie ist das bei Ihnen? Was setzen Sie ein, um die aktuelle Situation wahrzunehmen, zu bewerten und in ihr auf eigene Weise zu handeln?

> Legen Sie sich Ihre persönliche Agenda an. Gönnen Sie sich Ihre eigene Motivation und richten Sie sich Situationen ein, die Sie anspornen und zufrieden machen.

Sehnsuchtsziel und zweitbestes Ziel

Oftmals haben wir eine unbändige Lust, eine Gabe von uns ins Spiel zu bringen.

BEISPIEL: MANCHMAL REICHT DER WEG, DER FUNKTIONIERT

Eine Journalistin möchte ein Projekt realisieren, sie hat das Go von oben, Mitstreiter und eine Partnerin, mit der sie das Projekt leitet. Alles auf Startlinie zum Sehnsuchtsziel! Da kippt das Ganze. Kritik an der Sache entsteht, im Team rumort es, von oben gibt es keine Unterstützung, dafür Forderungen. Die Enttäuschung ist groß, bis sie sich auf das besinnt, was sie real schon mal in einer ähnlichen Situation erreicht hat. Sie konzentriert sich nicht mehr auf das Versagen, sondern auf das, was ihr gelungen ist. Daraus leitet sie nächste Schritte ab, überprüft Risiken, überlegt sich günstige Auswirkungen – und macht einen realistischen Plan, der Fakten, Team und Struktur berücksichtigt.

Was dieses Beispiel zeigt: Ein Sehnsuchtsziel gibt Energie – auch, wenn es nicht direkt erreichbar ist. Wir können uns bei Rückschlägen auf dem Weg zu diesem großen Ziel frustriert abwenden – »Klappt ja eh nicht ...« –, oder wir können uns überlegen, auf welche Bausteine wir bereits zugreifen können und welche Kompetenzen wir in der Vergangenheit in ähnlichen Situationen einsetzen konnten. Überlegt man das, ohne auf das Sehnsuchtsziel zu starren, sondern vielleicht auf ein zweitbestes Ziel, so kann man aus einem großen Bauchladen von Möglichkeiten, Einladungen, Alternativen, Kompetenzen wohlgelaunt, zuversichtlich, neugierig picken. Vielleicht haben

Sie Lust, das in eigener Sache auszuprobieren? Der folgende Dreischritt hilft dabei.

Schritt für Schritt vom Ziel zur Handlung
1 **Was ist Ihr Sehnsuchtsziel?** Was möchten Sie erreichen? Und bezogen auf Ihr ersehntes Ziel: Wo stehen Sie derzeit auf der Skala von 1 bis 10? Ist das ein Wert, mit dem Sie zufrieden sind? Welchen Wert möchten Sie erreichen?
2 **Welche Kompetenzen haben Sie oder möchten Sie haben?** In einer Situation, in der Ihnen etwas gelang, was waren damals die Erfolgsfaktoren, die Sie selbst beeinflussen konnten? Können Sie diese Faktoren des Gelingens in einen Plan einbauen, um Ihr aktuelles Ziel zu erreichen? Welche Risiken gilt es dabei zu bedenken?
3 **Handeln Sie!** Was ist also konkret zu tun? Was sind Ihre nächsten drei Schritte?

Finden Sie Ihre eigene Veränderungsstrategie

Es gibt Menschen, denen bei Schwierigkeiten Fluchtgedanken kommen und die sich die Erlaubnis zur Flucht geben, indem sie sich auf die kritischen oder potenziell kritischen Aspekte einer Veränderung konzentrieren. Die Liste all dieser Hindernisse kann sehr lang sein. Sie wird in Gesprächen so oft wiederholt, dass man als Außenstehender rufen möchte: »Stopp! Es gibt doch auch günstige Aspekte, die dich unterstützen, dir guttun, dich absichern!«

Manchmal lohnt es sich aber tatsächlich, die Reißleine zu ziehen. Doch wie erkennt man, dass es Zeit dazu ist? Oft fehlt uns die nötige Distanz, um das beurteilen zu können. Wir sind zu sehr im Alltagsgeschehen verhaftet, dass es uns schwer fällt, klar zu sehen. Vielleicht helfen die folgenden Fragen dabei, den Nebel zu lichten. Fragen Sie sich:

1. Sind das die Umstände, in denen ich mich längerfristig weiterentwickeln kann?

2. Sind das Menschen, denen ich mich zugehörig fühlen kann?

3. Fühle ich mich sicher und stabil?

BEISPIEL: NICHT ALLES MITSPIELEN

Eine Führungskraft hat mit ihren Mitarbeitern einen Change-Prozess hinter sich. Doch kaum haben sich die Leute an die Abläufe gewöhnt und zu einer neuen Qualität gefunden, kommt von oben schon wieder eine andere Order. Die Führungskraft bittet darum, dem Team und dem noch jungen Workflow etwas Zeit zu lassen – das wird von oberster Stelle abschlägig beschieden mit den Worten: »Wenn Sie Ruhe haben wollen, dann müssen Sie auf den Friedhof gehen!« Die Führungskraft orientiert sich daraufhin um.

Manchmal ist es wichtig zu erkennen, dass es Zeit ist, nicht weiter gegen Wände anzulaufen und von sich selbst Akzeptanz und Anpassung zu erwarten. Dann hilft ein Stopp-Signal, das man sich selbst setzt. Halten Sie inne und legen Sie eine Orientierungsphase ein. Lassen Sie bestehende Vorschriften, Automatismen und Standards, wie sie sind, und machen Sie eine Weile einfach mal Ihren Job – kein Gerangel, kein Grübeln, kein Suchen nach Lösungen Wem es möglich ist, wechselt nach diesem Findungsprozess vielleicht innerhalb des Unternehmens auf eine andere Stelle. Ein anderer bringt seine Bewerbungsunterlagen auf den neuesten Stand, denn gelegentlich zeigt sich nach einer konflikthaften Zeit so viel verbrannte Erde, dass ein Neustart in einem anderen Unternehmen oder in einer anderen Arbeitsform sinnvoll ist.

BEISPIEL: RÜCKZUG ZUR ORIENTIERUNG

Ein Angestellter erzählt: »Es gab eine Zeit in meinem Job, da war ich nah dran, alles hinzuwerfen. Es gab eine Order, die sich für mich so nicht erschloss. Auf meine Frage nach dem Wie und Warum bekam ich von oben die sehr knappe Antwort, das Management habe das so entschieden. Ich kam mir wie ein dummes Kind vor. Warum? Darum! Alles klar, dachte ich – viele offene ungeklärte Fragen, keine Antworten. Dann mache ich eben Dienst nach Vorschrift und mir ist egal, ob die Neuerung funktioniert! – Damit war ich aber nicht zufrieden. Ich fragte in anderen Abteilungen nach, machte mir ein Bild und fand die nächsten Schritte für mich. Ich bin froh, dass ich mir inzwischen ein gutes internes Netzwerk aufgebaut habe und auch genügend Freiraum habe, es zu nutzen. Inzwischen kann ich akzeptieren, dass es manchmal nicht möglich ist, Zusammenhänge zu erläutern, da diese noch nicht spruchreif sind. Aber ich wünsche mir, dass so was der Ausnahmefall ist und ich ansonsten so weit als möglich involviert werde.«

Nicht gegeneinander – miteinander

Wandlung ist immer auch ein innerer Prozess, bei dem es hilfreich sein kann, zunächst ein Ohr, ein Gespür für eigene unwillkürliche Reaktionen zu entwickeln. Vielen hilft es andererseits aber auch, sich bei größeren Veränderungen im Job nach außen zu wenden und anderen anzuschließen. Andere Menschen bringen ein anderes Wissen und Können mit, sie haben einen anderen Blick auf relevante Teilbereiche, auf das Ganze, das Gemeinsame. Sie helfen uns, eigene Grenzen zu hinterfragen oder auch eigene Grenzen zu setzen.

Pflegen Sie Kontakte – auch interdisziplinär, über Abteilungen und Hierarchien hinweg. Prüfen Sie, mit wem Sie können, mit wem Sie wollen, mit wem Sie sollten. Nutzen Sie Ihr Netzwerk, und seien Sie nützlich für Ihr Netzwerk.

Lassen Sie sich von Ideen anderer inspirieren, bringen Sie Ihren Beitrag auch informell abseits der vorgegebenen Pfade, und fragen Sie sich immer wieder, was Sie selbst davon haben, wenn Sie sich engagieren (vgl. Radecki, 2017). Ein solches informelles Miteinander mag in manchen Unternehmen auf den ersten Blick subversiven Charakter haben. Der zweite Blick könnte aber zeigen: Wer weiß, was er braucht und selbst erreichen will, kann Veränderung und Wandel als Chance begreifen und sich beteiligen – im Unternehmen und für sich selbst.

BEISPIEL: LÖSUNGEN LAUERN ÜBERALL

Eine Lehrerin erlebte immer wieder müde Zeiten, in denen sie die neuen Vorgaben als Zumutung empfand, nicht am Wohl der Schülerinnen und Schüler orientiert, Flickwerk. Zunächst dachte sie daran, ihre Stunden stark zu reduzieren. Dann aber erlaubte sie sich, innerlich die Reißleine zu ziehen und darauf zu achten, was sie selbst inspiriert. Sie schloss sich ehrenamtlich einer Hilfsorganisation in ihrem Ort an und investierte in dieses Projekt Zeit, von der sie nicht gewusst hatte, dass sie sie übrig hatte. Es gab ihr Energie, sich in dieser Form für andere Menschen einzusetzen. Sie reflektierte über Themen wie Menschenwürde, Teilhabe und Gerechtigkeit. Ihr Schulalltag litt nicht darunter, sie selbst profitierte enorm. Dass beides nebeneinander ging – damit hatte sie nicht gerechnet. Ihre innere Stabilität, die sie dank der neuen Aufgabe gewonnen hat, ist äußerlich sichtbar – auch in ihrem Berufsalltag.

Eine günstige Wirkung anzielen

Veränderung ist Teil unseres Lebens und daher immer präsent. Das war sie auch schon in Zeiten der Agrargesellschaft – das Feld wurde nach den Jahreszeiten bestellt, das Handeln und Pausieren den Wetterbedingungen angepasst. Und es gab schon seit jeher Ungerechtigkeit, Willkür, Rang- und Hackordnung.

Heute haben wir mehr Optionen, aus denen wir wählen können, und damit bekommt Veränderung eine andere Bedeutung: Wir müssen und dürfen uns aktiv mehr und häufiger entscheiden. Und das ist für viele die eigentliche Herausforderung: die *Entscheidung*, nicht die Veränderung an sich. Wenn es für jemanden schwierig ist, sich aktiv für etwas zu entscheiden, dann kann ihn das bereits in Stress versetzen.

Ebenso verhält es sich, wenn wir nur scheinbar eine Wahl haben. In Coachings ist zu erleben, dass Menschen es als besonders aufreibend empfinden, wenn für sie entschieden wird, sie also hier aktiv keinen tatsächlichen Beitrag leisten können. Wenn Change-Management-Aktivitäten die Mitarbeitenden einbeziehen, geht es oft nur noch um das Wie – das Was ist dann oft längst entschieden.

Love it, leave it, change it?

Change it – das ist für viele Menschen sehr oft so nicht möglich, wenn sie sich in von außen/oben gesetzten Veränderungsprozessen befinden. An vielen Stellen in Veränderungsprozessen oder in unsicheren schnellen VUCA-Zeiten könnte die Frage lauten: Was ist Ihr Beitrag?

In diesem Kapitel geht es auch um die Frage: Wollen Sie das? Was wollen Sie? Wie finden Sie dorthin? In diesem Unternehmen oder woanders? Es gibt auch da Wahlmöglichkeiten.

1. Love it: Wir können lernen, die Veränderung anzunehmen und gesund mit ihr zu leben.

2. Leave it: Wir verlassen den Kontext und suchen uns die nächste Herausforderung.

3. Change it: Wir suchen eine dritte Alternative. Was könnte das bei Ihnen sein? Hier geht es um Ihren Beitrag: Mit Ihrer Initiative gestalten Sie eine Veränderung.

Gemeinsam statt einsam durch den Change

Wenn das Ziel erreichbar, der große Wurf sichtbar ist, Zusammenhänge nachvollziehbar sind, die Sinnhaftigkeit von Änderungen erkennbar ist, wenn der Einzelne (auch: das Team, die Arbeitsgruppen) versteht, *warum* und *wofür* etwas zu tun oder zu entwickeln ist, ist er motivierter, effizienter und wirksamer in seinem Tun. Doch in der täglichen Unternehmensrealität sieht es leider oft nicht so aus.

Einklinken

Vorgesetzte haben wichtige Veränderungen oft seit Monaten in vielen Meetings vorbesprochen, in Workshops erarbeitet, in Coachings differenziert. Sie sind inzwischen mit dem Thema vertraut und haben sich damit angefreundet. Den Mitarbeitenden ist das Thema – wenn es ihnen dann präsentiert wird – aber oft fremd. Manche Vorgesetzte sind oft bereits so in den Change involviert, dass sie sich nur noch begrenzt in die Situation ihrer Mitarbeiterinnen und Mitarbeiter hineinversetzen können. Hier liegt es auch an den Mitarbeitern, Hintergrundinformationen – die für den Chef inzwischen selbstverständlich sind – einzufordern, nachzufragen.

Werden Sie kompetent in eigener Sache. Prüfen Sie, ob Ihnen Infos oder ein übergeordnetes Ziel zu einer Veränderung, einem Change fehlen. Hinterfragen Sie Ihre Vorstellungen. Erscheint das Vorhaben sinnvoll? Gelingt es Ihnen, andere davon zu überzeugen? Klinken Sie sich an einer Stelle aus? Wer ist ein geeigneter Gesprächspartner Ihres Vertrauens? Wer kann Ihnen die offizielle Marschroute erläutern?

Gute Ideen fördern

Machen Sie es sich und anderen angenehm und einfach, gute Ideen zu haben, zu entwickeln und weiterzugeben. Wandel macht Freude, wenn die Entwicklung einer Idee und deren Umsetzung nicht Ärger und Mehrarbeit bedeuten, sondern in eine Anerkennungskultur eingebunden sind. Zu einer solchen Kultur kann jeder Einzelne beitragen.

BEISPIEL: AUF GEMEINSAMES VERSTÄNDNIS SETZEN

Eine Teamleiterin erzählt: »Wichtig für Veränderungen ist meiner Meinung nach tatsächlich auch der Kulturwandel im Unternehmen. So sollten beispielsweise Fehler erlaubt, ja, sogar erwünscht sein. Diesen Wandel kann ich aktiv mitgestalten. Meine Mitarbeiter und die anderen im Unternehmen müssen ihn aber auch mittragen können und wollen, damit die ganzen Veränderungen auch wirklich akzeptiert und gelebt werden. Daher finde ich Fragen nach Werten, Leitbildern, Ausrichtung der Führung auf ein gemeinsames Verständnis etc. nach wie vor einen guten Ansatz – sofern sie eben auch emotional verstanden und vorgelebt werden. Wenn ich mich mit Kollegen austausche, so habe ich den Eindruck, dass heute viele Menschen den Wandel einsehen und wollen, dass aber manchmal die Zeit fehlt, sich darüber und über all das, was er mit sich bringt, auszutauschen. Hier sollten wir Sorge tragen.«

Veränderung gelingt nicht allein. Sobald wir uns mit typischen Veränderungsthemen beschäftigen – Digitalisierung, New Work, Künstliche Intelligenz etc. –, kommen wir an den Punkt, an dem wir nach dem übergeordneten gemeinsamen Ziel fragen müssen, wenn wir eine nachhaltige Lösung suchen. Da gibt es keine Tipps und Tricks: Eine nachhaltige Lösung sollte ein Stück weit über uns selbst oder ein Geschäftsziel hinausgehen.

Wechselwirkungen schätzen lernen

Werden Sie neugierig, wie Ihr Arbeitsplatz mit der Umwelt in Beziehung steht. Entdecken Sie »Umwelt« über Ihr Unternehmen oder Ihre Organisation hinaus: sozial, politisch, wirtschaftlich, klimatisch. Ihre Performance muss – aus Unternehmenssicht – natürlich einerseits in Kennzahlen messbar sein. Andererseits dürfen wir offener werden für nicht direkt bezifferbare neue Allianzen zwischen Lösungsideen, Mitspielern, Managern, Methoden, Nutzern, die sich finden und wieder aufgeben. Vielleicht ist das wie ein Urlaub am Meer, bei dem das Meer kommt und geht, sich aufbäumt und beruhigt und doch immer das Meer bleibt.

Kurz nachgefragt

Am Ende des Kapitels: Auf einer Skala von 1 bis 10, wo positionieren Sie sich gerade? Fühlen Sie sich kompetent in Sachen Veränderung? 1 steht für zur Verfügung stehende Kompetenz, 10 für Trainingsbedarf, Zögern und Vorbehalte.

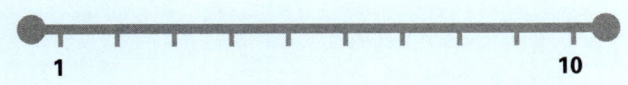

1   **10**

Machen Sie sich Notizen: Hat sich durch die Leseerfahrung und Ihre Resonanz darauf etwas verändert? Diese Veränderung – egal in welche Richtung – könnte ein Hinweis sein, dass Sie in einen Lernprozess gestartet sind. Wenn sich Ihre Bewertung in Richtung »Trainingsbedarf und zögerliche Vorbehalte« bewegt hat – was braucht es dann? Wenn Ihre Bewertung sich in Richtung »zur Verfügung stehende Kompetenz« verändert hat – wie kommt das?

Auf einen Blick: Stärken Sie Ihre Veränderungskompetenz

- Ihre Veränderungskompetenz ist wie ein Muskel: Mit einem geeigneten nachhaltigen Trainingsprogramm gelingt es, sie zu stärken.

- Ein wesentlicher Baustein dieses Trainings ist die Arbeit an einer gelassenen Haltung zu Veränderungen und eigenen Entscheidungen.

- Change verläuft nie linear und eindimensional. Und für alle Beteiligten stellt sich der Change anders dar. Üben Sie sich im Perspektivwechsel und im Reflektieren über die Auswirkungen auf sich und andere. Besinnen Sie sich im Wirrwarr der Veränderungen auf Ihre Stärken und Kompetenzen.

- Sie sind skeptisch, ob die Veränderung Gutes bewirkt – für Sie oder andere? Fokussieren Sie die Dinge, die Sie selbst gestalten können und entdecken Sie: Sie haben eine Wahl.

- Entscheiden Sie sich aktiv, wo es langgehen soll, und gestalten Sie so den Change-Prozess mit. Entscheiden wollen und können: das ist ein Kernpunkt des Trainings.

Schritt 3: Sorgen Sie für Erholung und Ausgleich

Change ist anstrengend und herausfordernd. Umso wichtiger ist es, in diesen Zeiten den Fokus hin und wieder auch auf sich selbst zu richten. Nur wer gut für sich sorgt, bleibt auf Dauer gesund, krisenresistent und effizient.

In diesem Kapitel erfahren Sie unter anderem,

- wie Sie Anspannung gelassen begegnen,
- wie Sie einen achtsamen Umgang mit sich selbst entwickeln,
- wann professionelle Unterstützung hilft,
- wie Sie sich trotz Unruhe und Hektik eine positive Haltung bewahren.

Eine Herausforderung für Geist und Sinne

Eine technische Innovation löst die andere ab. Veränderungs-zyklen werden immer kürzer. Wandel ist überall. Ist eine Neu-erung gut oder schlecht? Bringt sie Chancen, hat sie Risiken? Alles hat, wenn wir Ausschau halten, nicht nur zwei Seiten, sondern birgt viele, viele Möglichkeiten. Aus dieser Fülle schöp-fen zu können, ist schön, bringt aber auch die Qual der Wahl. Es gilt, sich zu wappnen und selbst zu definieren, was Sie gerade möchten oder nicht möchten, was Sie gerade brauchen oder nicht brauchen. Diese Kompetenz braucht Ich-Stärke, einen ent-spannten Geist. Und darum soll es im Folgenden gehen: um Ausgleich und Erholung in unruhigen Zeiten des Change.

Gestressten Menschen wird geraten, sich zu entspannen. Gut so. Im Yoga wie auch z.B. bei Tai-Chi und anderen Entspan-nungsverfahren geht es – neben anderen Aspekten – um einen gelassenen Umgang mit Spannung und Entspannung. Es geht um die Beobachtung, wie man da hinkommt. So merken wir oft erst beispielsweise bei Entspannungsübungen, wie hoch der Muskeltonus im Nacken ist und wie die Gedanken sich drehen.

Kurz nachgefragt

Auf einer Skala von 1 bis 10, wo positionieren Sie sich gerade? Haben Sie eine gute Balance zwischen Aktivität und Pausen? 1 – Sie können sich gut erholen, um klare Gedanken zu fassen, 10 – Sie stecken so tief im Tagesgeschehen, dass Sie sich nur sehr schwer herausnehmen können.

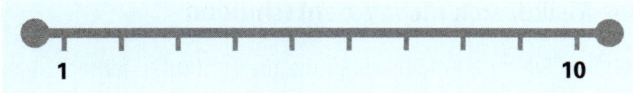

Die eigene Sache meistern: aktiv und achtsam

Wechsel zwischen Aktivitäts-, Ruhe-, Feier-, Entwicklungsphasen gab es zu allen Zeiten. Wir gehen als Menschen mit, und wir gestalten im Mitgehen. Das ist philosophisch *und* sehr lebensnah. Denn in Veränderungsphasen gestalten nicht nur die Führungskräfte – jede und jeder führt und meistert das eigene Leben und den eigenen Arbeitsplatz ein Stück weit. Paradox ist, dass wir angemessen entspannt sein müssen, um aktiv werden zu können – das ist keine Entspannungsübung, sondern gelebte Achtsamkeit.

BEISPIEL: LOCKERLASSEN

Eine Mitarbeiterin ohne Personalverantwortung beschreibt: »Ich habe irgendwann entdeckt, dass jeder eine Führungskraft ist. In dem Sinne, dass er andere – mehr oder weniger sichtbar – führt und beeinflusst. Führung bedeutet für mich beispielsweise auch, den Chef mit guten Argumenten zu befähigen, dass er sinnvolle Entscheidungen treffen und sie auch gegenüber seinen Vorgesetzten durchsetzen kann. Ich habe im Verlauf des Veränderungsprozesses gemerkt, dass es oft unerheblich ist, an welcher Stelle man konkret sitzt. Ich habe verstanden: Das Unternehmen hatte keinen festen Plan, sondern wollte wirklich, dass sich jeder beteiligt. Ich hatte manche Verantwortung der Führung überlassen, konnte dann aber irgendwann lockerlassen und sehen, dass mein Chef ebenso in einer Sandwichposition saß mit den damit verbundenen Möglichkeiten und Grenzen, genauso wie die zuständige Personalerin oder beteiligte Kollegen. Wie ich dahin gekommen bin? Ich habe mich an den Aufgaben, auch an den ungeklärten Aspekten im Workflow gerieben, ein Meditationsseminar besucht und mich nicht ausgeklinkt.«

Das Risiko, sich nicht zu entscheiden

Gehören Sie zu den Menschen, die die Erfahrung gemacht haben, dass es schwer ist, Entscheidungen zu treffen? Und jetzt wissen Sie nicht, ob und wie Sie entweder aktiv werden *oder* etwas entspannt dem Lauf der Dinge überlassen sollen?

Gerd Gigerenzer (2014) erforscht das Risikoverhalten von Menschen. Von ihm kann man nicht lernen, Risiken zu vermeiden. Aber man kann mit ihm ausprobieren und experimentieren, wie man sich z. B. bei Alltagsentscheidungen verhält. Also angenommen, Sie haben eine Entscheidung zu treffen und werfen eine Münze. Kopf steht für »Jetzt geht's los, ich wage es«, Zahl steht für »Ich warte mal ab, was noch kommt, und überlasse nächste Schritte dem Augenblick«. Probieren Sie es aus: Werfen Sie die Münze. Jetzt. Und? Was haben Sie erlebt?

1. Haben Sie gerade, schon bevor die Münze auf dem Boden lag, eine Entscheidung getroffen, egal, ob die Münze Kopf oder Zahl zeigte?

2. Haben Sie Kopf oder Zahl gesehen und gedacht: »Genau, so mache ich's«?

3. Haben Sie die Münze gar nicht erst geworfen, weil Ihnen das nicht geheuer ist?

Egal, wie Sie es machen – erlauben Sie sich, das eine Mal Ihre Gewohnheiten beizubehalten und das andere Mal neue Erfahrungen zu machen. Manchmal reicht ein erster Schritt auf einem ungewohnten Weg, ein planloser Gang um den Block, ein zielloses Blättern in einem Buch ..., um ein gewohntes Muster zu unterbrechen und zu Neuem aufzubrechen: und das, ohne groß etwas verändert zu haben, ganz bei sich, ganz in der Gegenwart.

Vom Entweder-oder zum Sowohl-als-auch

Veränderungen verlangen der einzelnen Mitarbeiterin, dem einzelnen Mitarbeiter immer mehr ab (Beispiele: agil arbeiten, offene Bürowelten, flache Hierarchien). Dabei geht es nicht mehr um die Konzentration auf eine Lösung eines Dilemmas, sondern um den Umgang damit. Es braucht mehr Eigenverantwortung, mehr Selbstmanagement, mehr soziale und kommunikative Kompetenzen für ein kooperatives Miteinander, mehr Mitdenken und unternehmerisches Denken, einen Blick aufs Ganze. Arbeit scheint im krassen Gegensatz zu Entspannung und Ausgleich zu stehen. Wie sich dann eine Pause gönnen? Wie einen klaren Kopf kriegen?

> Wir haben ein mehr oder weniger ausgeprägtes Macht- und Statusdenken, das viele von uns schon im Elternhaus gelernt und in Leistungsgesellschaft und Unternehmen weiter eingeübt haben. Wenn wir uns um einen gesunden Umgang mit Veränderungsprozessen bemühen, sollten wir uns eingestehen, wann wir insgeheim doch auf Konkurrenz setzen und gewinnen wollen, um die Gunst des Vorgesetzten buhlen, eine Gratifikation anstreben. Das ist kein Entweder-oder, sondern ein Sowohl-als-auch.

Insofern kann man auch kritisch die Frage stellen und sie offen stehen lassen, ob wir Menschen denn überhaupt bereit sind für die vielen aktuellen oder anstehenden Neuerungen – oder ob sich nicht doch wieder einige wenige zusammentun, um auf neue, agile Art und Weise Macht und Status zu gewinnen, wie es bisher auch oft der Fall war?

Zwischentöne finden

Finden Sie für sich heraus, wo Sie ein Schwarz-Weiß-Denken haben und nicht so recht aus Ihrer Haut können. Sie wollen sich verändern, aber Sie finden das, was Sie vorfinden, nicht so richtig toll? Dann entspannen Sie sich einen Moment.

1. Lehnen Sie sich zurück und hören Sie für einen Augenblick auf, die einzig wirklich gute Lösung finden zu wollen.

2. Fokussieren Sie um, und gönnen Sie sich die Erfahrung, dass es nicht um ein Entweder-oder geht. Spüren Sie die wohltuende, Spannung lösende Wirkung eines Sowohl-als-auch; *vieles* ist parallel möglich.

3. Erinnern Sie sich an Situationen, in denen es statt Schwarz-Weiß-Denken auch Grautöne oder gar Farben gab? Wie kam es dazu, dass Sie Vielfalt erleben konnten und mehr als sonst möglich fanden?

Wir haben gelernt, ein Problem zu definieren, uns zu informieren, uns mit Entscheidungsträgern abzustimmen und das Problem zu fixieren. Ich möchte Sie einladen, den Blick weich werden zu lassen und einen Moment lang nicht mehr ein Ergebnis zu fokussieren, sondern eine Pause zuzulassen.

Übung: Schritt für Schritt zum Perspektivenwechsel

1 **Augen fixieren ein Detail:** Setzen Sie sich bequem hin. Lassen Sie Ihre Schultern fallen. Atmen Sie tief ein und lassen Sie bei jedem Ausatmen ganz bewusst Anspannung los. Sitzen Sie für eine Weile einfach da. Schauen Sie jetzt auf die Wand gegenüber. Alles, was sich dort zeigt, passt für diese Übung – ein Fenster, ein Bild, eine leere Wand. Fixieren Sie zunächst in Augenhöhe, was Sie dort sehen. Sehen Sie sehr scharf hin und nehmen Sie Details wahr.

2 **Augen gucken nur:** Entspannen Sie nun Ihre Augen und lassen Sie den Blick weich werden. Geben Sie den Wunsch auf, etwas »sehen« zu wollen. Behalten Sie Kopf- und Augenstellung bei und schauen Sie einfach weiterhin mit weichem Blick auf die Wand gegenüber. Atmen Sie. Bleiben Sie weiterhin wach und aufmerksam.

3 **Perspektiven wechseln:** Sie könnten, um eine dritte Variante der Wahrnehmung einzuführen, (1) mit den Augen die Wand fixieren, (2) einfach schauen, (3) die Perspektiven wechseln: erst mit den Augen fixieren, dann ohne Absicht schauen, dann wieder mit den Augen fixieren. Wie ändert sich jeweils Ihre Wahrnehmung?

Wir haben oftmals mehr als eine Möglichkeit. Sind wir im Stress, so meinen wir, wir müssten SOFORT die eine einzig richtige Lösung finden. Nehmen wir aber die Einladung an, die in Veränderungsprozessen liegt, die wir nicht selbst angestoßen haben, so könnten wir entdecken: Es geht nicht um die Lösung des Problems, es geht um eine Suchbewegung in eine sich ergebende Richtung. Wir können unsere Betrachtung ändern, wir könnten uns überhaupt ganz etwas anderem im Umfeld zuwenden. Wir könnten uns auch vorstellen, wie das Ganze aus der Brille des Kollegen, Mitarbeiters, Chefs betrachtet wirkt.

> Es gibt kein Richtig und kein Falsch und es gibt viel mehr Möglichkeiten und Lösungswege, als wir meinen. Der Blick darauf gelingt oft in oder nach einer Pause.

Veränderungskompetenz in eigener Sache

Wir können Privatmensch sein und doch gleichzeitig mit professionellem Bewusstsein durch mehrere Brillen schauen. Es gibt in unserem Leben einen Bezug zum Privaten wie zum Job – das ist uns auch in Regenerationsphasen bewusst. Wir können üben, unsere verschiedenen Identitäten oder Rollen aus einer Beobachterposition zu betrachten und dabei gewissermaßen in einem leichten permanenten Schwebezustand zu halten. Übt man das, erringt man eine Kernkompetenz im großen Thema Veränderungskompetenz.

BEISPIEL: MANCHMAL HILFT DIE RICHTUNG, NICHT DIE LÖSUNG

Ein Coach erzählt von einem Kunden, der in einer Veränderungssituation sagte: »Ich weiß, es ist Zeit zu gehen und die Firma zu verlassen, aber ich schaffe den Schritt nicht.« Auf den Weg brachte ihn der Satz: »If you don't design your career, someone else will.« Er erlebte diese Worte nicht als Lösung, sondern als Richtung, als Appell, aktiv selbst zu gestalten und nicht mehr nur auf die vielen Anforderungen im Job zu reagieren. Er konnte im Coaching den Satz analysieren und unterschiedliche Szenarien besprechen, die sich ergeben, wenn er (1) selbst aktiv wird bzw. (2) auf Gegebenheiten reagiert. Er brauchte also keine Lösung, sondern ihm wurde klar, was seine eigene, authentische Gestaltkraft war. Er bewertete die Situation nicht mehr als stressig, sondern erlebte nun die Spannung als Aufforderung – er war plötzlich gefragt.

Wer sich auf einen eigenen Entwicklungspfad begibt, macht die Erfahrung, dass einzelne Schritte und Erkenntnisse mühsam und unbequem sind. Er erlebt aber auch, dass seine Kompetenz im Umgang mit Herausforderungen zunimmt. Es geht weg vom »Was machen wir jetzt?«, hin zu einem angemessenen Wählen aus einem inneren und äußeren Angebot.

Unterstützende Bilder finden

Erinnern Sie sich an die sieben Phasen der Veränderung, die Sie im Kapitel »Schritt 1: Bringen Sie sich auf Veränderungskurs« kennengelernt haben? Im Zusammenhang mit der Entwicklung der Veränderungskompetenz erhalten sie eine tiefere Bedeutung.

- (1) **Schock**: Zu Beginn einer Veränderung erlebe ich mich in meiner Kompetenz irritiert – in dem, was von mir erwartet wird, sehe ich eine Diskrepanz zur Realität. Viele Fragen sind offen. Ich stehe unter negativem Stress, der mich verunsichert und schwächt.

- (2) **Verneinung**: Viele Menschen schützen sich in einer nächsten Phase, indem sie die Veränderung abwehren. Sie sind wütend, bewerten ihre Kompetenz sehr hoch – müssen aber erleben, dass sie für die Veränderung nicht ausreichend gewappnet sind.

- In den nächsten beiden Phasen geht es um die (3) **Einsicht** in die Notwendigkeit von Veränderung (begleitet von Frustrationserleben) und um die (4) **Akzeptanz**, dass es so ist, wie es ist. Verlorenes wird betrauert – die eigene Kompetenz wird niedrig eingestuft.

- In den folgenden drei Phasen geht es aufwärts – aufwärts mit der subjektiv wahrgenommenen Kompetenz wie auch mit der Stärke des Veränderungskompetenz-Muskels: (5) über ein (nicht immer gelingendes) **Ausprobieren** geht es weiter mit (6) **Neugier** und **Erkenntnissen** und am Ende um ein (7) **Selbstvertrauen** und eine Freude an der neuen Situation.

Klingt logisch, wird viel zitiert und in Führungskräfteschulungen eingesetzt. Diese 7-Phasen-Kurve ist und bleibt jedoch nur ein Modell, an dem die Diskussion und die eigene innere Klarheit und Orientierung eigentlich erst starten. Innere Klarheit ist für viele Menschen ein Erleben, das sie entspannen lässt – man kann durchatmen, loslassen, bei sich selbst ankommen, sich orientieren, neu starten. Die Klarheit entsteht also nicht durch Abwesenheit von Stress, sondern durch ein Wahrnehmen, wie der Ausgleich zwischen Entspannung und Anspannung gelingt.

BEISPIEL: EIN UNTERSTÜTZENDES BILD FINDEN

Ein Trainer beschreibt einen Fall aus der Praxis: »Es ging um die Integration einer Forschungsabteilung, nachdem die Firma A von einer anderen (Firma B) aufgekauft wurde. Ziel war, die Struktur und Systeme von B auf die Forschungseinheit der Firma A anzuwenden und diese gleichzeitig um 40 % zu verkleinern. Hilfreich war, das Alte wertzuschätzen, Liebgewonnenes zu beschreiben und einen Weg zu finden, wie das Vergangene symbolisch losgelassen werden kann. Wir haben Boote gefaltet und sie vor Ort auf den Fluss gesetzt.

Geholfen hat ebenfalls, dass wir zunächst für einen Tag mit dem gesamten Team arbeiteten und dabei Themen anschauten, die sowohl das Team betreffen als auch die individuellen Auswirkungen. Sehr anschaulich war die Arbeit mit der Veränderungskurve – jedes Teammitglied konnte seine Position mit einem Klebepunkt markieren und vor dem Team kommentieren.

Relevant war aber, dass anschließend bei Bedarf Einzelcoachings angeboten wurden. Obgleich alle sozusagen im selben Boot saßen, erlebten sich die Menschen an unterschiedlichen Punkten der Kurve und mit unterschiedlichem Zugriff auf ihre Kompetenzen.«

Die Gegenwart beruflich wie privat für sich nutzen

Oft ist unser Kopf so voll, weil wir von Vergangenem getrieben, von Zukünftigem gedrängt werden. Dann kann es helfen, sich mithilfe kleiner Übungen in die Gegenwart zu bringen und dort erst mal zu verschnaufen. Ein Beispiel: Ein Team wird aufgelöst. Die Teammitglieder werden in verschiedene neue Funktionseinheiten eingegliedert. Man stößt zwar in den neuen Abteilungen auf angenehme, kompetente Leute, und doch empfindet man diese Veränderung erst einmal als menschlichen Verlust. Mithilfe einer Schrittfolge gelingt es dem Team, in der Gegenwart anzukommen, nachdem es sich an die Vergangenheit erinnert hat.

Schritt für Schritt in die Gegenwart
1 **Erinnern:** Was war in der Vergangenheit besonders gut und wichtig? Im Beispiel von oben: Dem Team war es besonders wichtig, dass bei den gemeinsamen Mittagessen eine Atmosphäre von Wohlwollen und Entspanntheit herrschte. Das gab mancher Sachdiskussion in anderen Situationen einen verlässlichen Rahmen.
2 **Das Vergangene ganz bewusst loslassen.** Im Beispiel von oben: Das Team verabschiedete sich von einem Gruppengefühl, das früher hilfreich und wichtig war, das aber wegen der Auflösung jetzt der Vergangenheit angehörte. Es verabschiedete sich von der Gewohnheit, einmal in der Woche mittags zusammen essen zu gehen und dabei eine Arbeitsbesprechung abzuhalten.
3 **In der Gegenwart planen.** Im Beispiel von oben: Vermissen wird das Team das gewachsene Miteinander. In Zukunft werden wenige das Haus verlassen, einige in überregional tätigen Teams arbeiten – sie werden neue Konstellationen vorfinden. Sie verabreden, sich alle acht Wochen zum Essen zu treffen.

Gönnen Sie sich eine Pause

Wer mitmacht und viel leistet, darf sich auch Pausen gönnen – und zwar,

1. sobald sich eine günstige Lücke auftut,

2. wenn sich das Bedürfnis dazu meldet,

3. oder auch einfach als stetige Struktur im Laufe des Tages.

Kennen Sie das auch? Ein Termin wird abgesagt, und Sie stehen auf dem Schlauch, weil Sie so spontan mit der freien Zeit nichts anzufangen wissen? Pausen zeigen manchmal, wie ungeschickt wir mit uns umgehen. Abends können wir den Fernseher anschalten oder einen Wein trinken gehen – aber einfach nur da sein und »nichts« tun?

Einen Super-Pausengeber haben wir immer bei uns: unseren Atem. Der Atem geht ein, der Atem geht aus. Wenn Sie das einen Moment beobachten, ohne ihn zu beeinflussen, merken Sie vielleicht, dass Sie sich aufrecht hinsetzen wollen, weil eben noch der Bauch eingeklemmt war, was das freie Atmen verhinderte. Streng genommen müssen wir nur einatmen – Ausatmen geschieht von selbst; Einatmen ist wie eine Anspannung, Ausatmen wie eine Entspannung. Interessant, oder?

Manchmal machen wir eine Stoßatmung, weil wir doch irgendwie den Atem beeinflusst haben und der Atem nicht manipuliert werden möchte. Achten Sie noch einige Augenblicke auf den Atem, merken Sie, dass es kleine Pausen gibt. Atmen Sie ein, atmen Sie aus – in Ihrem Rhythmus. Und entdecken Sie die kleinen Pausen zwischen dem Ein- und Ausatmen. Diese kleinen Pausen könnten zu verlässlichen Mini-Freiräumen werden.

Auftanken im Alltag

Eine alte Weisheit lautet etwa so: Ändere die Dinge, die du ändern kannst, und nimm die Dinge an, die du nicht ändern kannst. Gert Kaluza ist Stressforscher und hat diese Philosophie in eine leicht nachvollziehbare Schrittfolge gebracht (vgl. Kaluza, 2018).

	Schritt für Schritt zum kühlen Kopf bei akutem Stress
1	Wenn wir akuten Stress empfinden, gilt es zunächst zu würdigen, *dass* wir Stress empfinden. Wir können uns aufregen, oder wir können uns darauf besinnen, dass Herunterkommen, Ruhigwerden eine bessere Wahl ist.
2	Nach dem Annehmen und Abkühlen können wir analysieren: Kann ich mir eingestehen, dass ich aktuell nichts ändern kann? Oder kann ich aktuell etwas ändern? Angenommen, ich kann etwas ändern, ist es mir den Aufwand dafür auch wert?
3	Nach dieser Analyse können wir aktiv werden oder uns ablenken.

Diese Akuthilfe hat es in sich, denn sie setzt voraus, dass wir zu unserer Entscheidung stehen. Wie oft entscheiden wir uns zwar für Ablenkung, entspannen uns aber nicht dabei. Oder wir entdecken, dass wir gerade nichts ändern können, und verzweifeln daran. Oder wir entscheiden uns für eine Aktion, ärgern uns dann aber, weil wir eigentlich zu wenig geübt haben, uns bei Streit, Konflikt, Unklarheit angemessen durchzusetzen, unsere

Anliegen zu vermitteln, fehlende Aspekte für uns zu reklamieren.

Langfristige Strategien helfen bei akutem Stress

In jeder Akutsituation ist alles hilfreich, was wir vorher in ruhigen Momenten für uns entwickelt haben: Atem- und Entspannungsübungen, eine gute Ernährung, eine gesunde Körperspannung, Wohlwollen, Abgrenzungsfähigkeit. Diese langfristigen Strategien gehen in unser Spontanverhalten über, wenn wir sie vorher entspannt einüben konnten, uns sicher und zugehörig fühlen und selbstbestimmt wachsen – und damit wären wir wieder bei Kapitel »Hirnforschung: Was Neues in uns auslöst« und den Bedingungen, die unser Gehirn zum guten Lernen braucht.

Selbstfürsorge macht effizient, krisensicher, kreativ

Effizient, krisensicher, kreativ? Geht es nun also doch noch um Selbstoptimierung? Wenn wir uns in diesem Kapitel der Erholung und dem freien Kopf widmen, so bringen wir uns in eine seltsame Situation. Denn wir sind gewohnt, Worte zu finden, um festzuhalten, was wir »gerade« »tun« »müssen«. In gewisser Weise möchte ich Sie einladen, diesen Abschnitt so zu lesen, als stünde jedes Wort in Anführungszeichen. Denn das, worum es hier geht, ist durchaus etwas Vorsprachliches, etwas Unwillkürliches, etwas, wofür wir eigentliche keine Wortsprache brauchen. Wir können uns stattdessen ein Stück weit ganz auf unser Bauchgefühl, unsere Intuition, ein inneres Ziehen, eine Blitzidee verlassen.

Auf eine günstige Auswirkung achten

Wer beim Friseur oder Arzt beim Warten auf den Termin in Magazinen blättert, könnte auf die Idee kommen, dass es sich in all den Artikeln, die von Selbstfürsorge handeln, vor allem um einfache Entspannungsrezepte dreht. Sind Sie angespannt im Job, dann machen Sie Yoga. Sind Sie nervös, weil Sie Beruf und Kinder unter einen Hut kriegen müssen, dann üben Sie in einem VHS-Kurs autogenes Training. Doch so einfach ist es – leider – nicht. Mit ein paar Übungen ist es nicht getan. Wenn wir Entspannungsverfahren einsetzen, erleben wir, dass zunächst der schmerzende Rücken noch mehr schmerzt, die wilden Gedanken noch mehr springen. Entspannung fordert darüber hinaus ein Umdenken. Selbstfürsorge, ein Gut-zu-sich-Sein fördert eine andere Haltung zu uns selbst, einen wohlwollenden Blick auf sich selbst.

BEISPIEL: WAS IST GERADE FÜR MICH WICHTIG UND RICHTIG?

Eine junge Wirtschaftswissenschaftlerin – ehrgeizig, engagiert, lernbereit – erlebt im Job starke Veränderungswellen. Sie steht ständig unter Stress und fühlt sich ausgelaugt. Als sie mit ihrem Partner zusammenzieht, merkt sie, wie sehr sie ihr Privatleben, ihren Ausgleich vergessen hatte. Sie schaltet um – das gelingt ihr nach der Einsicht erstaunlich schnell. Was ihr jetzt hilft? »Ich besinne mich auf die Stabilität in anderen Lebensbereichen, vor allem in der Familie und im Freundeskreis. An Aktivitäten außerhalb des Jobs lasse ich nicht rütteln und schütze meinen Freiraum für Sport und Freizeit. Und im Job behalte ich, um mich trotz Change irgendwie sicher zu fühlen, Dinge bewusst bei, die ich selbst beeinflussen kann: den Kaffee morgens um die gleiche Uhrzeit, die Wahl des gewohnten Lieblingsitalieners zum

Lunch. Das sind zwar nur ganz kleine Dinge. Aber sie helfen mir. Kurz gesagt: Wenn ein Pfeiler wackelt, fokussiere ich mich aktiv auf gut verankerte Pfeiler meines Lebens.«

Jorge Bucay, argentinischer Autor und Psychotherapeut, ist für seine Geschichten zum Nachdenken bekannt. Für ihn gibt es grundlegende »Wahrheiten«, zu denen unter anderem diejenige gehört, dass der Mensch nur dort beginnen kann, wo er gerade steht – und dazu gehört, dass er dort Dinge zunächst so akzeptieren muss, wie sie sind (vgl. Bucay, 2017). Wer sich dieser übergeordneten »Wahrheit« widmet, wird damit für lange Zeit beschäftigt sein. Denn es geht ja nicht um ein Akzeptieren allein, sondern um die Unterscheidungskraft.

Übung: Wahrnehmen von Veränderung

1   Setzen Sie sich bequem hin. Lassen Sie Ihre Schultern fallen. Atmen Sie tief ein und lassen Sie beim Ausatmen Anspannung los. Schließen Sie die Augen, und bewegen Sie die geschlossenen Augen von oben nach unten. Wiederholen Sie dies vier- bis fünfmal. Lassen Sie die Augen ruhen. Bewegen Sie dann die Augen von rechts nach links. Wiederholen Sie auch dies vier- bis fünfmal. Augen wieder ruhen lassen.

2   Öffnen Sie die Augen und schauen Sie entspannt geradeaus. Bewegen Sie nun den Kopf sanft von oben nach unten – schauen Sie dabei weiter geradeaus; gehen Sie also mit Ihrem Blick nicht mit der Bewegung mit. Ruhen. Drehen Sie dann den Kopf sanft von rechts nach links – schauen Sie dabei weiter geradeaus; Ihr Blick folgt also wiederum nicht der Bewegung. Lassen Sie den Kopf sanft in die Ausgangsposition zurückkehren, und spüren Sie dem Ganzen einen Moment nach.

3   Wie ändert sich jeweils Ihre Wahrnehmung? Ihr Gefühl? Ihr Sehen? Entdecken Sie, dass Sie gerade Veränderung erlebt haben. Wie war das? Angenehm? Unangenehm? Egal?

Wir können üben, ganz in der Gegenwart zu sein und darin Unterschiede und Veränderungen zu erleben. Die kleinen Nuancen. Das muss nicht Freude bereiten, es muss keine »Verbesserung« sein – unser Organismus erholt sich und kommt zu sich selbst, wenn wir immer wieder Mikropausen einlegen, in denen wir einfach nur da sind. Hier. Jetzt. Stopp. Jetzt. Ganz bei sich. Oder auch ganz bei einer (!) Tätigkeit. Oder ganz auf eine Problemlösung konzentriert.

Eigene Worte, eigene Bilder finden

Das Konzept der Achtsamkeit, also die ganz bewusste Wahrnehmung dessen, was jetzt gerade ist, ist nicht neu. Zu allen Zeiten haben kluge Köpfe Worte dafür gefunden. Dem deutschen Dichter Goethe zufolge zeigt sich der Meister in der Beschränkung. Der indische Yogalehrer Yogananda vermittelte Techniken zum sog. Üben der Gegenwart, um eine größere Verbundenheit zu erleben. Dem chinesischen Philosophen Laotse wird der Satz zugeschrieben, Dinge wahrzunehmen sei der Keim der Intelligenz. Diese Liste ließe sich lange weiterschreiben. Allen gemeinsam ist: Sie haben eigene Erfahrungen gemacht; sie hatten ein Konzept der Aufmerksamkeitsfokussierung, der inneren Haltung, des Umgangs mit Veränderung.

Halten Sie Ausschau nach Inspirationen, nach Unterstützern, nach Stopp-Zeiten, in denen Sie etwas für sich »tun« oder etwas »lassen« können. Probieren Sie Methoden aus, wie sie z. B. in Achtsamkeitsprogrammen, Meditation, Naturerfahrungskursen vermittelt werden. Entdecken Sie, wie Sie damit auch in unruhigen Zeiten immer stabiler, ruhefähiger, aktionsbereiter werden.

> Gönnen Sie sich diese sinnvolle Selbstfürsorge und schauen Sie sich dann die anstehenden Veränderungen an. Ihr Blick wird ein anderer sein. Versprochen.

Wenn Sie nicht mehr weiter wissen: Professionelle Hilfe im Change

Eine andere Perspektive einnehmen kann Freude machen. Hin und wieder führt diese andere Perspektive jedoch zu der Erkenntnis: Ich kann nicht mehr, ich will nicht mehr, mein Tank ist leer. Das ist manchmal eine erschütternde Einsicht. Weil man sich aus dem »normalen« Trott herausgeworfen fühlt. Weil man nicht mehr mitspielen kann.

Und gleichzeitig ist diese Einsicht, dieses Erleben von Grenzen, auch eine Kompetenz. Man kann nicht alles mitspielen. Man muss aber auch nicht alles mitspielen.

BEISPIEL: NÖTIGE VERSCHNAUFPAUSEN

Eine Frau in den Vierzigern ist bereits zweimal innerhalb des Konzerns in eine andere Abteilung versetzt worden. Noch ehe sie sich auf die erste Veränderung, die neue Tätigkeit einlassen konnte, wurde sie erneut entwurzelt. Sie empfand ihren Arbeitsplatz als ganz grundsätzlich gefährdet und fühlte sich »wie gelähmt«. Vielen ihrer Kolleginnen wurde gekündigt. Sie suchte sich einen Coach, den sie privat bezahlte. Gemeinsam mit ihm gelang es ihr, »überhaupt wieder den Kopf zu heben«, wie sie es nannte, und zu schätzen, dass sie »behalten« wurde. Wieder mal eine solche Erfahrung von Selbstwirksamkeit zu machen, konnte sie sich lange Zeit überhaupt nicht vorstellen.

Oft finden wir in anderen Lebensbereichen Unterstützung und können so eine krisenhafte Situation ausgleichen. Manchmal hilft es, sich professionelle Unterstützung zu holen. Die Angebote sind vielfältig. Im Folgenden finden Sie einige Anregungen.

- **Beratungsstellen der Städte und Kirchengemeinden:** Städte und Kirchengemeinden unterhalten psychologische Beratungsstellen für Fragen in allen Lebenslagen. Sie sind unter diesen oder ähnlichen Schlagworten im Internet zu finden und beraten oft kostenfrei, manchmal moderat kostenpflichtig.

- **Selbsthilfegruppen und Peergroups:** Zu einigen Belastungsthemen, wie Burnout, Alkoholmissbrauch, Angehörigenpflege, gibt es Selbsthilfegruppen, deren Treffen zumeist im Internet, in Tageszeitungen oder Bürgerbüros angekündigt werden. Andere Gruppen werden von Gleichgesinnten gegründet. In übergeordneten Selbsthilfebüros erhalten Interessierte Tipps zum Gründen und Moderieren einer Gruppe.

- **Coaching:** Bei beruflichen Fragen, die man konzentriert und vertraulich mit einem Profi besprechen möchte, können Einzelberatungen und Coachings helfen. Gut ausgebildete Coaches zeigen bereits auf ihrer Website, ob sie sich durch einen Verband einer Güteprüfung unterzogen haben, über welche Fortbildungen sie verfügen, welche Arbeitsschwerpunkte sie anbieten. Bei der Auswahl eines geeigneten Coaches sollte man zudem sowohl seinem Bauchgefühl trauen als auch hinterfragen, ob das Angebot zum eigenen Anliegen passt.

- **Psychotherapie:** Psychologische Psychotherapeuten und Psychiater stehen bei Belastungen und Krisen in Sprechstunden zur Verfügung. Nach einem Gutachten übernimmt ggf. die Krankenkasse die Kosten. Auf einen Therapieplatz, der für einen längeren Prozess geeignet ist, wartet man gelegentlich einige Wochen – dies sollte man bei Bedarf einplanen. Im Internet gibt es gute Suchtipps, so pflegt z. B. der Bundesverband der deutschen Psychologinnen und Psychologen die Datenbank www.psychotherapiesuche.de.

- **Die Hausarztpraxis:** Wer sich belastet fühlt, hat in seiner Hausärztin, seinem Hausarzt eine professionelle Erstbegleitung. Sie werden hier nicht nur bei übermäßigem Stress krankgeschrieben, sondern finden auch Beratung und Informationen für nächste Schritte.

Positiv in die Zukunft trotz Stress und Rückschlägen

Das Leben ist nicht vorhersehbar und nur zum Teil planbar, insbesondere bei Change-Prozessen. Dementsprechend kann es am Arbeitsplatz zu Notfällen kommen. So ereignet sich beispielsweise ein folgenschwerer Fehler, und es müssen sofort Gegenmaßnahmen getroffen werden, damit der Schaden begrenzt werden kann. Dann heißt es: Alles andere stehen und liegen lassen und möglichst schnell agieren oder reagieren. Stress pur!

Wer seinen Veränderungskompetenz-Muskel spielen lassen will, sollte wissen, wann ein Krafteinsatz nötig und wann eine Pause möglich ist. Deshalb gilt es Folgendes zu unterscheiden:

1. Wie erreichen Sie Aktionsfähigkeit? Können Sie Ihre aktuelle Aufgabe zurückstellen und sich dem spontan Nötigen widmen, sodass der Notfall nicht zum Fiasko wird? Wie machen Sie das?

2. Ist es überhaupt ein Notfall? Oder geht es um eine Situation, die durch gute, frühzeitige Vorbereitung bereits im Vorfeld hätte vermieden werden können? Wie können Sie eine Wiederholung dieser Situation vermeiden? Schnelligkeit ist kein Selbstzweck, und die Ressourcen aller Beteiligten sollten geschont und sinnvoll eingesetzt werden.

3. Hat den Notfall jemand verursacht, der zum Kommunikationskreis gehört? Dann ist offene, faire Kommunikation wichtig. Denn wenn eine Suppe gemeinsam ausgelöffelt werden soll, sollte auch klar sein, wie es dazu kam, wie das einzuordnen ist, worin der gemeinsame Nenner und Nutzen besteht.

Respekt, Wertschätzung, Empathie – was bedeutet das für Sie?

Wie ist das bei Ihnen? Erleben Sie Respekt, Wertschätzung und Empathie gegenüber den Kolleginnen, Kunden, der Chefin als Luxus, den man sich nur leistet, wenn man Zeit hat? Klienten, die in Veränderungsprozessen stecken, vermitteln mir immer wieder ein Leben und Arbeiten in Wogen und Wellen. Mal Stresserleben und Druck, mal Gelassenheit und Planbarkeit.

Selten stehen wir alle gleichzeitig unter Druck. Ein ewiges Auf und Ab. Prüfen Sie für sich:

1. Respekt, Wertschätzung, Empathie – was bedeutet das für Sie im Allgemeinen?

2. Kennen Sie Situationen, in denen das nur Worthülsen sind? Was sind das für Situationen und was brauchen Sie dann? Pause? Inspiration? Belohnung für Ihre Leistung?

3. Kennen Sie Situationen, in denen Respekt, Wertschätzung, Empathie Grundhaltungen sind, für die Sie gern Zeit und Einsatz investieren?

Und unsere Heldinnen und Helden? Was haben sie auf ihrer Abenteuerreise gelernt? Welche Chance haben sie wahrgenommen? (Vgl. z. B. Gay, 2003.)

Übersicht: Entspannt in die Zukunft		
	Chance zur Pause	Change als Chance
Der Ritter	Entspannt sich beim Sport und besucht eine Schulung, in der er seine Direktheit und Schnelligkeit reflektiert.	Er kann, aber er muss nicht stark sein. Er kann besonders gute Ergebnisse erreichen, wenn er sie für eine gemeinsame Sache einsetzt.
Die Seiltänzerin	Verbringt ihre Pausen in einem Freundeskreis, den sie mit Späßen unterhält, und übt mit einem Coach, ihre Sprunghaftigkeit zu begrenzen.	Sie kann, aber sie muss nicht flexibel und ideenreich sein. Sie steuert ihren Beitrag zum Ganzen bei, macht sich aber unabhängiger von Anerkennung.

Übersicht: Entspannt in die Zukunft		
	Chance zur Pause	Change als Chance
Die Sammlerin	Findet Ausgleich in einem Entspannungskurs und sammelt dort Kraft für unsichere Situationen.	Sie kann, aber sie muss nicht pragmatisch und verbindlich sein. Sie beteiligt sich mit eigenen Beiträgen und kann für sich selbst Forderungen stellen.
Der Wachtmeister	Lernt in einem Schauspielkurs andere Charaktere kennen, wird mitfühlender und offener für die Ansichten anderer.	Er kann, aber er muss nicht Detailwissen erarbeiten. Er steht für einen klaren Kopf bei neuen Entwicklungen und weist auf Chancen und Risiken hin.

Change als Chance

Der Neurobiologe Gerald Hüther spricht in einem seiner Bücher eine Einladung aus, die Freude am eigenen Denken wiederzuentdecken und die Lust am gemeinsamen Gestalten zu etablieren (Hüther, 2015). Wie großartig ist das denn! Und wie aufwendig ist es, das in seinem Leben und Arbeiten zu realisieren! Es bedeutet, uns darauf zu verlassen, dass wir und alle Beteiligten genügend Grips haben, Entscheidungen der Führungsebene, die daraus resultierenden Änderungen, unsere eigenen nächsten Schritte logisch zu verstehen, emotional zu erfassen und für andere Beteiligte nachvollziehbar und mitgestaltbar zu machen.

Wir könnten so für uns allein, im Team, in einer wie auch immer gerade aufeinander bezogenen Gruppe erkennen, dass in einer Veränderungssituation eine Chance enthalten ist, eine wie auch immer geartete Verbesserung – oder zumindest die aktuell bestmögliche Lösung, die wiederum ein Zwischenschritt ist.

> Wenn wir das so sehen wie beschrieben, dann ist die Veränderung nicht die Lösung. Hier geht es um eine Etappe in einem längeren Prozess. Eine Etappe, in der wir die aktuelle Veränderung beobachten, die beteiligten Menschen wahrnehmen, unsere eigenen Wünsche und Bedürfnisse kennenlernen und ausbalancieren.

BEISPIEL: SCHÖNE ÜBERRASCHUNG MÖGLICH

Die Aufgaben einer Angestellten, die viele Jahre im Privatkundengeschäft einer Bank beschäftigt war, änderten sich durch einen Change-Prozess. Ihr Unternehmensbereich wurde aufgrund einer Strategieänderung sukzessive abgebaut; ihr wurde eine Stelle in einer thematisch anders gelagerten Abteilung angeboten. Die neuen Aufgaben waren interessant, das Team nahm sie offen und freundlich auf – und doch blieb ihr ein Stressgefühl, eine Angst, den Anforderungen nicht gewachsen zu sein. Sie war erstaunt, als sie nach einigen Monaten feststellte: »Die neuen Aufgaben machen mir Spaß. Ich wusste gar nicht, dass ich im gleichen Unternehmen Fähigkeiten entwickeln und einbringen kann, von denen ich vorher gar nichts wusste.«

Nur wenn wir uns im weiteren Sinne wohl fühlen, respektiert, wertgeschätzt und uns in unserer Kraft erleben, haben wir Lust, uns am Unternehmenserfolg zu beteiligen, uns mit anderen auseinanderzusetzen, uns auf unsichere Aspekte einzulassen, uns ungewöhnliche Ideen zuzumuten. Wenn wir uns also fragen, was wir ganz persönlich aus einem Change-Projekt ziehen können, so ist das eine absolut legitime Frage, die in Veränderungsprozessen einfach dazu gehört. Und: Ja, Sie dürfen etwas davon haben.

Was ist aber, wenn die aufgezählten Voraussetzungen nicht vorliegen? Suchen Sie Ansatzpunkte, die Sie motivieren und ansprechen. Begeben Sie sich auf die Spurensuche, bis Sie einen Wegweiser oder einen Wegbegleiter für die nächste Etappe finden.

In Bewegung kommen – im eigenen Rhythmus

Keine Frage: Viele erleben in Change-Projekten, dass ihre Beiträge nicht gewürdigt und aufgegriffen werden – hier geht es um Selbstschutz und Selbststeuerung. Nur vielleicht ist dieser Aspekt, den wir manchmal ganz für uns meistern, *die* Stellschraube, die langfristig für den Erfolg oder das Misslingen von Transformationsprozessen sorgt? Also Unzufriedenheit, Ambivalenz als Motivator für eine Veränderungsbereitschaft und Veränderungskompetenz?

Vielleicht könnte dieser TaschenGuide Sie dazu angeregt haben, die verunsichernden und anstrengenden Faktoren von Veränderungsprozessen als Motivatoren für Change zu begrüßen? Damit wir uns darauf besinnen: Die Verunsicherung und der Stress erinnern mich daran, dass ich mich beteilige an Veränderungsstrukturen – und zwar auf meine sehr eigene Art. Ich beteilige mich beispielsweise daran,

- notwendige Aspekte bei neuen Projekten sorgfältig zu formulieren – und was ich nicht weiß, zu benennen,

- bei der Einführung neuer Techniken und Prozesse im Team für Klarheit zu sorgen, zu ermuntern und zu neuer Performance anzuregen – und noch nicht funktionierende Schnittstellen zu spiegeln,

- neue Formen der Kommunikation auf Augenhöhe auszuprobieren – und Engpässe bei der hierfür benötigten Zeit zu reklamieren.

Und? Was ist das bei Ihnen? Könnten Sie ein Bild malen, das Ihre nächsten Schritte beschreibt? Oder könnten Sie einen Plan skizzieren, was Sie als Nächstes mit wem tun, um was genau zu erreichen? Oder macht Sie einfach ein Umsatzziel an? Oder mögen Sie eher ein Gefühl beschreiben, das sich einstellen wird, wenn sich Ihrer Bemühungen günstig auswirken?

BEISPIEL: WENN ICH MIR ETWAS WÜNSCHEN DÜRFTE

Eine Mitarbeiterin schreibt: »Wenn ich mir meine Kollegen erfinden dürfte, dann sollten sie im Team gegenseitig Kompetenzen entdecken und fördern, ausreichend selbstreflektiert auf ihre eigenen Werte und ihre Wirkung schauen und die übergeordneten Ziele immer im Blick behalten. Übrigens wünsche ich mir meinen Mann auch so.«

Viele erleben, dass solche Beteiligungen noch nicht in Hierarchien und Stellenbeschreibungen abgebildet sind. Die Chance bei Change-Prozessen könnte aber genau darin liegen, sich – konstruktiv, mit Blick auf günstige Auswirkungen und auf ein gemeinsames Ziel – einer eigenen Definition von Veränderung zu verpflichten und den eigenen Veränderungskompetenz-Muskel zu trainieren: sehr persönlich und doch gleichzeitig bezogen auf das Gesamtgeschehen.

Was nehmen Sie mit?

Von meinem Sprachmeister, dem Arzt und Psychotherapeuten Gunther Schmidt (2015), habe ich die Idee aufgegriffen, Lesern und Klienten Angebote zu unterbreiten – verschiedene Routen, die sie einschlagen können, Angebote auf einem Tablett, von dem sie wählen dürfen. Wie ist das bei Ihnen? Haben auch Sie eine Auswahl getroffen? Haben Sie sich auf der Reise durch diesen TaschenGuide Notizen gemacht? Haben Sie Veränderungen beim Lesen festgestellt? Konnten Sie andere Perspektiven einnehmen? Gab es Überraschungen?

Abschließend möchte ich Ihnen noch einmal drei Vorschläge für nächste Schritte machen:

1. Lesen Sie Ihre Notizen und markieren Sie sich die Eindrücke und Aspekte, die Ihnen wichtig erscheinen oder Sie besonders ansprechen.

2. Suchen Sie sich drei Punkte heraus, die Sie in den nächsten Wochen vertiefen möchten, bei denen Sie noch Fragen klären wollen oder die Sie sich einfach merken wollen.

3. Hat es Ihnen gefallen, erzählen Sie anderen davon. Hat Ihnen etwas nicht gefallen, lassen Sie es mich wissen. Sie finden meinen Mailkontakt im Kapitel »Die Autorin«. Danke schön!

Kurz nachgefragt

Auf einer Skala von 1 bis 10, wo positionieren Sie sich gerade? Können Sie sich gut ausgleichen zwischen Aktivität und Pausen? 1 – Sie können sich gut erholen, um klare Gedanken zu fassen, 10 – Sie stecken so tief im Tagesgeschehen, dass Sie sich nur sehr schwer herausnehmen können.

1   **10**

Hat sich durch die Leseerfahrung und Ihre Resonanz darauf etwas verändert? Diese Veränderung – egal in welche Richtung – könnte ein Hinweis sein, dass Sie in einen Lernprozess gestartet sind. Wenn sich Ihre Einschätzung in Richtung »Stecke so tief im Tageschehen, dass ich mich nur schwer herausnehmen kann« bewegt hat – was braucht es dann? Wenn sich Ihre Einschätzung in Richtung »Kann mich gut erholen, um klare Gedanken zu fassen« verändert hat – wie kommt das? Machen Sie sich Notizen.

Auf einen Blick: Sorgen Sie für Erholung und Ausgleich

- Veränderungsprozesse sind oft komplex und unübersichtlich, herausfordernd und stressig. Sie versetzen uns in Anspannung. Auf Anspannung sollte Entspannung folgen – dieser Wechsel ist eine heilsame Ressource.
- Sorgen Sie gut für sich: Gönnen Sie sich ruhige Phasen. Ziehen Sie sich dann ganz bewusst aus dem Geschehen zurück, um zu regenerieren und einen klaren Kopf zu bekommen.
- Alles dreht sich zu schnell und hektisch? Es gibt mehr Möglichkeiten, als wir anfangs oft meinen. Verzetteln Sie sich nicht, sondern gönnen Sie sich (1) Vielfalt, (2) eigene Bedürfnisse und Werte (3) und nehmen Sie hin, dass sich das immer wieder ändert.

Literatur

Bamberger, Günter G.: Lösungsorientierte Beratung. Beltz 2015.

Bucay, Jorge: Geschichten zum Nachdenken. Fischer 2017.

Faschingbauer, Michael: Effectuation: Wie erfolgreiche Unternehmer denken, entscheiden und handeln. Schäffer Poeschel 2017.

Gay, Friedbert: Das persolog Persönlichkeits-Profil: Persönliche Stärke ist kein Zufall. Mit Fragebogen zur Selbstauswertung. Gabal 2003.

Gigerenzer, Gerd: Risiko: Wie man die richtigen Entscheidungen trifft. btb 2014.

Kaluza, Gert: Gelassen und sicher im Stress: Das Stresskompetenz-Buch: Stress erkennen, verstehen, bewältigen. Springer 2018.

Hüther, Gerald: Etwas mehr Hirn, bitte: Eine Einladung zur Wiederentdeckung der Freude am eigenen Denken und der Lust am gemeinsamen Gestalten. Vandenhoeck & Ruprecht 2015.

Laloux, Frédéric: Reinventing Organizations visuell: Ein illustrierter Leitfaden sinnstiftender Formen der Zusammenarbeit. Vahlen 2016.

Maercker, Andreas/Forstmeier, Simon (Hrsg.): Der Lebensrückblick in Therapie und Beratung. Springer 2013.

Mayer, Jan/Hermann, Hans-Dieter: Mentales Training: Grundlagen und Anwendung in Sport. Rehabilitation, Arbeit und Wirtschaft. Springer 2015.

O'Connor, Joseph/Seymour, Joseph: Neurolinguistisches Programmieren. Gelungene Kommunikation und persönliche Entfaltung. VAK 2015.

Radecki, Monika: Nein sagen: Die besten Strategien. Haufe Lexware 2015.

Radecki, Monika: Sprechen Sie für sich: Authentisches und wirksames Selbstmarketing. Springer 2017.

Reddemann, Luise: Imagination als heilsame Kraft. Hör-CD mit Übungen zur Aktivierung von Selbstheilungskräften. Klett-Cotta 2017.

Rock, David: Brain at Work: Intelligenter arbeiten, mehr erreichen. Campus 2011.

Roth, Gerhard: Persönlichkeit, Entscheidung und Verhalten: Warum es so schwierig ist, sich und andere zu ändern. Klett-Cotta 2008.

Schmidt, Gunther: Liebesaffären zwischen Problem und Lösung. Hypnosystemisches Arbeiten in schwierigen Kontexten. Carl-Auer 2015.

Schulz von Thun, Friedemann: Miteinander reden, Band 3: Das »Innere Team« und situationsgerechte Kommunikation. Rowohlt 2013.

Starker, Vera/Peschke, Tilman: Hypnosystemische Perspektiven im Change Management: Veränderung steuern in einer volatilen, komplexen und widersprüchlichen Welt. Springer Gabler 2017.

Stichwortverzeichnis

Anerkennungskultur 89
Atemübung 104

Belohnungsmodus 15
Beobachter, innerer 57
Botenstoff 14

Change-Typen 10

Disney-Methode 39
Dreischritt-Modell 26

Effectuation 21
Entspannungsverfahren 94

Fleck, blinder 7

Hirnforschung 13

Landkarte, innere 7

Mental-Training 75

Neuroleadership 14

Organisation, evolutionäre 66

Perspektivenwechsel 49

SCARF-Modell 15
Schwarz-Weiß-Denken 26
Sehnsuchtsziel 82
Selbstcoaching 55
Selbstfürsorge 106
Stressreaktion 13

Team, inneres 38
Trainingsprogramm, Veränderungs-
    kompetenz 64
Triangulierung 26

Veränderungsphasen 42, 101
VUCA-Welt 22

Wertesystem 24
Worst-Case-Szenario 74

ssum

grafische Information der Deutschen Nationalbibliothek
Deutsche Nationalbibliothek verzeichnet diese Publikation in der Deutschen
ionalbibliografie; detaillierte bibliografische Daten sind im Internet über
tp://www.dnb.dnb.de abrufbar.

Print:	ISBN: 978-3-648-12273-0	Bestell-Nr.: 10753-0001
ePub:	ISBN: 978-3-648-12274-7	Bestell-Nr.: 10753-0100
ePDF:	ISBN: 978-3-648-12275-4	Bestell-Nr.: 10753-0150

Monika Radecki
Veränderungen am Arbeitsplatz meistern – Wie Sie sich fit machen für Change
1. Auflage 2019

© 2019, Haufe-Lexware GmbH & Co. KG, Munzinger Straße 9, 79111 Freiburg
Redaktionsanschrift: Fraunhoferstraße 5, 82152 Planegg/München
Internet: www.haufe.de
E-Mail: online@haufe.de
Redaktion: Jürgen Fischer

Konzeption, Realisation und Lektorat: Nicole Jähnichen, www.textundwerk.de
Umschlagentwurf: RED GmbH, Krailling
Umschlaggestaltung: Kienle gestaltet, Stuttgart
Satz: Reemers Publishing Services GmbH, Krefeld
Druck: Beltz Bad Langensalza GmbH, Bad Langensalza

Die Autorin

Monika Radecki

ist Kommunikationsberaterin in den Bereichen Selbstmanagement, Führung und Team; ihre Schwerpunkte sind unter anderem Professional Coaching, Kompetenzaktivierung, Teamentwicklung und natürlich Change Management. Sie begleitet Einzelpersonen, Teams und Gruppen als Trainerin, Coach und Autorin. Mehr zur Autorin: https://monika-radecki.de.

> Sie haben Fragen und Anregungen?
> Senden Sie eine E-Mail an info@monika-radecki.de.

Danke

Mein herzlicher Dank geht an erster Stelle an die Coachees, Workshop-Teilnehmerinnen und -Teilnehmer, die dem Thema und mir Interesse und Vertrauen entgegengebracht haben. Bedanken möchte ich mich auch für die wertvolle Unterstützung durch die Probeleserschar und Fallgebergruppe Albert Hutzl, Anette Leins (http://leinsnet.com), Dr. Axel Riegert, Brigitte Bürger (www.brigitte-buerger.de), Dörte Fuchs (www.text-fuchs.de), Eva Bilstein (www.eva-bilstein.de), Hinrich Küster, Mareike Lenz, Stephanie Bartsch (www.stephaniebartsch.de), Vera Starker (http://starker-consulting.com); bei Jürgen Fischer, der sich im Verlag für die Idee zu diesem Buch begeisterte; bei Nicole Jähnichen und ihrem Team für das motivierende, wohlwollende Projektmanagement und Lektorat.